技工院校一体化课程教学改革电梯工程技术专业教材

电梯整机机械设备安装与调试

人力资源社会保障部教材办公室组织编写

中国劳动社会保障出版社

内容简介

本书主要内容包括电梯样板架安装、电梯机房设备安装、电梯轿厢和对重设备安装、电梯井道设备安装、电梯厅门设备安装、电梯悬挂装置安装六个学习任务。

图书在版编目（CIP）数据

电梯整机机械设备安装与调试／人力资源社会保障部教材办公室组织编写 . -- 北京：中国劳动社会保障出版社，2022

技工院校一体化课程教学改革电梯工程技术专业教材

ISBN 978-7-5167-5579-2

Ⅰ.①电… Ⅱ.①人… Ⅲ.①电梯 – 机械设备 – 设备安装 – 技工学校 – 教材②电梯 – 机械设备 – 调试方法 – 技工学校 – 教材 Ⅳ.①TU857

中国版本图书馆 CIP 数据核字（2022）第 174022 号

中国劳动社会保障出版社出版发行

（北京市惠新东街 1 号 邮政编码：100029）

*

保定市中画美凯印刷有限公司印刷装订 新华书店经销

787 毫米 ×1092 毫米 16 开本 14.75 印张 258 千字

2022 年 10 月第 1 版 2022 年 10 月第 1 次印刷

定价：29.00 元

营销中心电话：400-606-6496

出版社网址：http://www.class.com.cn

http://jg.class.com.cn

技工院校一体化课程教学改革教材编委会名单

■ 序

习近平总书记指示："职业教育是国民教育体系和人力资源开发的重要组成部分，是广大青年打开通往成功成才大门的重要途径，肩负着培养多样化人才、传承技术技能、促进就业创业的重要职责，必须高度重视、加快发展。"技工教育是职业教育的重要组成部分，是系统培养技能人才的重要途径。多年来，技工院校始终紧紧围绕国家经济发展和劳动者就业，以满足经济发展和企业对技术工人的需求为办学宗旨，既注重包括专业技能在内的综合职业能力的培养，也强调精益求精的工匠精神的培育，为国家培养了大批生产一线技能劳动者和后备高技能人才。

随着加快转变经济发展方式、推进经济结构调整以及大力发展高端制造业等新兴战略性产业，迫切需要加快培养一批具有高超技艺的技能人才。为了进一步发挥技工院校在技能人才培养中的基础作用，切实提高培养质量，从 2009 年开始，我部借鉴国内外职业教育先进经验，在全国 200 余所技工院校先后启动了三批共计 32 个专业（课程）的一体化课程教学改革试点工作，推进以职业活动为导向，以校企合作为基础，以综合职业能力培养为核心，理论教学与技能操作融会贯通的一体化课程教学改革。这项改革试点将传统的以学历为基础的职业教育转变为以职业技能为基础的职业能力教育，促进了职业教育从知识教育向能力培养转变，努力实现"教、学、做"融为一体，收到了积极成效。改革试点得到了学校师生的充分认可，普遍反映一体化课程教学改革是技工院校一次"教学革命"，学生的学习热情、综合素质和教学组织形式、教学手段都发生了根本性变化。试点的成果表明，一体化课程教学改革是转变技能人才培养模式的重要抓手，是推动技工院校改革发展的重要举措，也是人力资源社会保障部门加强技工教育和职业培训工作的一个重点项目。

教学改革的成果最终要以教材为载体进行体现和传播。根据我部推进一体化课程教学改革的要求，一体化课程教学改革专家、几百位试点院校的骨干教师以及中国人力资源和社会保障出版集团的编辑团队，组织实施了一体化课程教学改革试点，并将试点中形成的课程成果进行了整理、提炼，汇编成教材。第一批试点专业教材2012年正式出版后，得到了院校的认可，我们于2019年启动了第一批试点专业教材的修订工作，将于2020年出版。同时，第二批、第三批试点专业教材经过试用、修改完善，也将陆续正式出版。希望全国技工院校将一体化课程教学改革作为创新人才培养模式、提高人才培养质量的重要抓手，进一步推动教学改革，促进内涵发展，提升办学质量，为加快培养合格的技能人才做出新的更大贡献！

技工院校一体化课程教学改革
教材编委会
2020年5月

目　　录

学习任务一　电梯样板架安装

 **学习目标**

1. 能通过阅读电梯样板架安装任务单，明确工作任务。
2. 能查阅相关资料，学习电梯样板架基本知识。
3. 能明确电梯工程施工相关的安全操作规程。
4. 能根据任务要求勘察施工现场，绘制井道净面积平面图。
5. 能明确电梯样板架安装流程。
6. 能根据样板架的安装流程，制订工作计划。
7. 能根据施工需要，领取相关工具和材料。
8. 能查阅相关资料，学习电梯样板架安装方法。
9. 能按工艺和安全操作规程要求，完成电梯样板架的安装。
10. 能对电梯样板架安装结果进行自检和验收。
11. 能对电梯样板架安装过程进行总结与评价。

建议学时

22 学时。

工作情境描述

　　学院某办公楼需安装一部知名品牌四层四站电梯，电梯井道内脚手架已经搭建完毕。受学院委托，电梯工程技术专业学生承接电梯样板架安装工作任务。参照国家标准《电梯制造与安装安全规范　第1部分：乘客电梯和载货电梯》（GB/T 7588.1—2020）"5.2 井道、机器空间和滑轮间"、《电梯工程施工质量验收规范》（GB 50310—2002）"4.2 土建交接检验"和企业相关文件，根据任务要求，在 2 个工作日内完成样板架的安装，完成后交付验收。

工作流程与活动

学习活动 1　明确工作任务（4 学时）

学习活动 2　明确安全操作规程，制订工作计划（4 学时）

学习活动 3　设备安装及验收（12 学时）

学习活动 4　工作总结与评价（2 学时）

学习活动 1　明确工作任务

学习目标

1. 能通过阅读电梯样板架安装任务单，明确工作任务。

2. 能查阅相关资料，学习电梯样板架基本知识。

建议学时：4学时。

学习过程

一、接受任务单，明确工作任务

电梯安装作业人员从项目组组长处领取电梯样板架安装任务单（见表1-1-1），明确安装项目、时间、地点等内容。

表1-1-1　电梯样板架安装任务单

建设单位	××××电梯安装公司	联系人		电话	
工程地址	1号办公楼	施工电梯数量	1部	品牌型号	KONE 3000
工程类型	☑安装　□调试　□维修　□改造			告知书编号	津××0201304××
项目名称	电梯样板架安装				
施工工期	＿＿＿天，从＿＿年＿＿月＿＿日至＿＿年＿＿月＿＿日				

施工电梯主要相关技术参数						
额定载重量	1 000 kg	层站数	4	曳引比	1：1
对重位置	后置	脚手架	☑安装 □未安装	曳引机形式	盘式

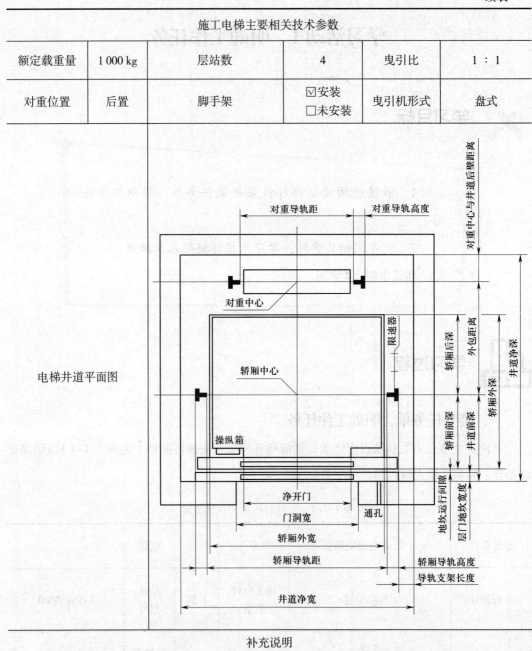

电梯井道平面图

补充说明

1. 井道施工完毕

2. 脚手架安装完毕

3. 有电梯井道平面图可供参考

4. 经测量实际井道尺寸满足本电梯安装要求

施工现场 负责人		签发人		日期	年　月　日

通过阅读安装任务单，回答以下问题：

1．该项工作在什么地点进行？

2．该项工作的具体内容是什么？

3．任务单中哪些信息和样板架制作相关？

4．安装样板架前为什么要将井道实际测量结果和电梯井道平面图进行比较？

二、认知样板架

根据电梯原理相关资料，学习样板架相关知识，完成表 1-1-2 所示样板架基础知识的填写。

表 1-1-2　样板架基础知识

项目	样板架基础知识
简介	电梯机械部件的安装一般占电梯安装工期的_____以上。由于所有_____部件之间有严格的相对位置要求，在安装电梯前必须制作样板架。样板架的制作和放线工序俗称放样，其_____直接影响电梯安装定位的准确性
电梯相关参数	电梯楼层数为_____ 电梯曳引比为_____ 电梯对重位置为_____ 电梯是否采用脚手架进行安装：□是 □否
电梯资料	电梯工程安装技术资料、《电梯制造与安装安全规范　第 1 部分：乘客电梯和载货电梯》（GB/T 7588.1—2020）、《电梯安装验收规范》（GB/T 10060—2011）、KONE 3000 安装资料

续表

项目	样板架基础知识		
	样板架结构	图示	对重位置
样板架	整体式	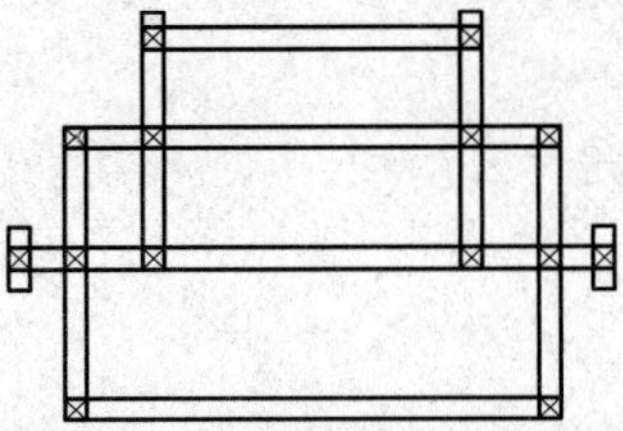	
	直钉式	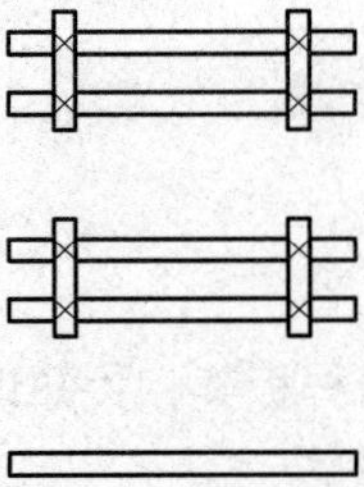	

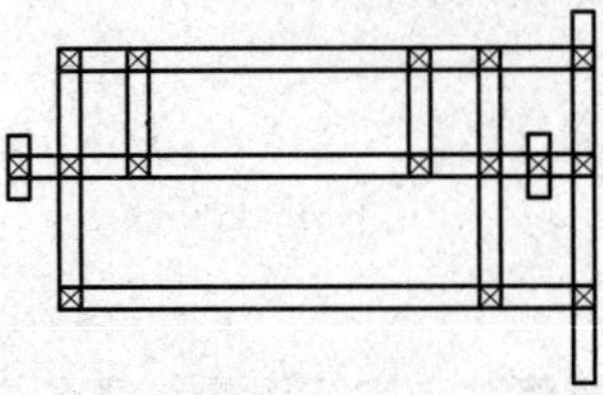

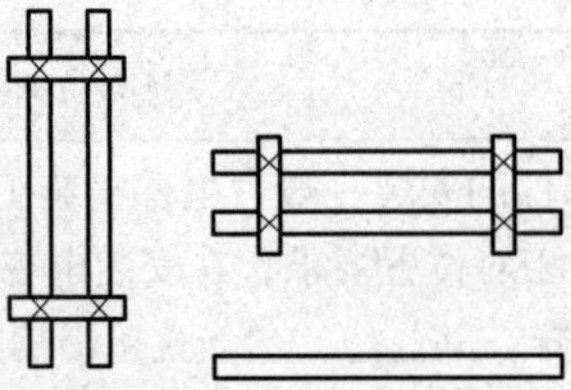

学习活动 2 明确安全操作规程，制订工作计划

学习目标

1. 能明确电梯工程施工相关的安全操作规程。

2. 能根据任务要求勘察施工现场，绘制井道净面积平面图。

3. 能明确电梯样板架安装流程。

4. 能根据样板架的安装流程，制订工作计划。

5. 能根据施工需要，领取相关工具和材料。

建议学时：4 学时。

学习过程

一、明确电梯工程施工相关的安全操作规程

查阅电梯工程类相关书籍及网络资源，补全电梯工程施工相关的各项安全操作规程。

1. 电梯安装基本安全操作规程

（1）在安装电梯前，施工人员应与_____单位负责人取得联系，双方共同研究现场工作中的安全措施与安全注意事项，共同遵守执行。

（2）施工人员在工作前应及时、仔细地检查现场，查看是否有_____的因素，若有不安全的因素，必须排除后方可施工。施工时必须在每层厅门外挂有"井下有人工作"的警示牌。

（3）施工人员在工作前必须做好个人安全防护，特别注意戴好_____帽，高空作业前必须系好安全带，电工、焊工要穿绝缘鞋，检查所有需要使用的工具，并确保其安全可靠，涉及井道工作时必须设置安全网。

（4）安装电梯时必须遵守国家标准关于手持电动工具的相关要求。

（5）在井道内施工时必须采用＿＿＿＿＿＿V工作照明灯，在轿厢内工作时必须采用12 V工作照明灯。现场各用电设备要可靠接地。

（6）施工前要检查各种工具是否损坏，若有损坏，应及时更换或维修。大型电动工具在使用时要连接＿＿＿＿＿＿＿＿，以防止电动工具掉落造成意外事故。

（7）在工作场所下面不准＿＿＿＿＿＿，从脚手架上下来时不准滑下和跳下。

（8）施工人员在调试电梯前一定要穿好绝缘鞋、戴好＿＿＿＿＿＿手套或者站在绝缘垫上，否则禁止施工。

（9）在安装电梯过程中，施工人员的精力要集中，并听从＿＿＿＿长的指挥。

（10）在安装电梯过程中，施工人员严禁酒后作业和在现场打闹，要进行协作分工。

（11）在动用气焊和电焊时，要遵守气焊和电焊安全操作规程，注意安全防火。

（12）要时刻预防触电、物体打击、高处＿＿＿＿＿＿等事故。

（13）施工现场与工作＿＿＿＿＿＿人员禁止入内。

2．电梯安装搬运安全操作规程

（1）施工人员在安装电梯前应严格检查工具、索具、机械设备是否完好，性能是否可靠，安全网是否＿＿＿＿＿＿牢固可靠。

（2）在安装电梯中需要人工搬运工件时，应视工件的质量和体积量力而行，严防发生扭腰、砸手、砸脚等事故。

（3）无吊装机械或吊装不便，需＿＿＿＿＿＿搬运时，应分工明确，负重合理，间隔步调一致，有专人指挥，统一行动。所用杠棒、跳板、绳索必须完好可靠。

（4）在搬运零部件时，必须从上而下逐层进行搬运，禁止从下部抽取，以防零部件倒塌伤人。

（5）搬运中若发现垒放的物品有被振动＿＿＿＿＿＿的危险，必须立即整理，不得疏忽大意，防止物品倒塌伤人。

（6）使用的跳板宽度不得小于0.4 m，厚度不得小于0.07 m，长度不得小于4 m，两端应包扎铁箍。跳板长度超过5 m时中间应加垫，以免抖动。使用跳板前应彻底检查跳板，若发现有裂纹或有其他折断的可能，应停止使用。

（7）搬运工件所用撬杠必须用低碳素钢材制成，不准用铸铁及淬火钢材制成，以防钢材脆裂伤人。扁担、拉杆应用坚韧的木料制成，表面必须刨光且无裂纹，滚杠最好用无缝钢管制成，表面应光滑、无裂纹，利用滚杠运送物体时，应根据物体的质量选择其大小。

（8）抱杆、三脚架应用坚固的木料或无缝钢管制成，不允许有_____和_____的地方，钢管、三脚架需要加长时，其连接处必须牢固可靠。

（9）利用铺面板和斜面板装卸及运送货物时，其宽度及类型应根据货物的质量和种类来确定，必须_____牢固。

（10）搬运物品时，如果经过的路面土质松软或表面不平，必须铺上木板或方木。

（11）在电梯安装搬运中，若需使用专用的起重设备，必须遵守这些专用起重设备的安全操作规程。

（12）现场使用的工具要妥善保管，不得丢失和损坏。

（13）现场施工_____要认真检查每一道工序，发现不符合质量标准的地方要及时反映，把质量问题杜绝在交验之前。

（14）在现场施工中若发现土建、井道、机房、脚手架等方面存在问题，不符合双方协议要求等，要及时处理，以分清责任。

3．利用手拉葫芦（倒链）进行起重作业的安全操作规程

（1）手拉葫芦应有_____的额定负荷标记。

（2）使用手拉葫芦前，应认真检查其转动部分是否_____；是否有卡链现象；链条是否有断节或裂纹；制动器是否安全可靠；销子是否牢固；吊挂绳索及支架横梁是否结实稳固；三脚架是否有裂纹、扭曲等缺陷，支撑是否牢固，检查合格后方可使用。

（3）使用时应检查起重_____是否扭结。若有扭结现象，应调整好后方能使用。

（4）使用时，先将手链反拉，将起重链条倒松，使倒链有足够的起升距离。操作时注意慢慢拉紧链条，使_____逐渐受力，检查无异常现象后，方可正式操作。

（5）在起重作业中，严禁_____作业，使用中不论手拉葫芦处于什么位置，拉链均应与链轮方向一致，防止拉链脱槽。用手拉链时，用力要均匀，不得过猛或过快。用于水平方向时，应在拉链的入口处垫物承托链条，防止发生故障。

（6）使用手拉葫芦时，应根据其起重能力的大小决定拉链的人数。_____拉不动时，应查明原因，不准增加拉链人数或猛拉链条，以免起重链条受力过大而断裂。

（7）用手拉葫芦起吊物体时，如需暂将物体悬空，应将手拉链拴在起重链上，以防止倒链自锁失灵而造成意外事故。

（8）放下吊物时，必须_____轻放，不准使物品自行落下。

（9）手拉葫芦转动部分要定期润滑，以防止链条锈蚀，受严重腐蚀及有断痕和裂纹的链条应及时更换，不准"带伤"使用。

（10）每半年应检查手拉葫芦链条和钢丝绳一次。每＿＿应以手拉葫芦的额定负荷的 50% 进行一次试验。

4．手持电动工具安全操作规程

（1）电动工具电源线应使用带有接零（地）芯线的橡皮套及软线（橡皮套电缆）。保护零线应采用横截面积为＿＿＿＿＿mm^2 以上的铜线。

（2）电源线不准乱接，必须采用有接地线的固定插头和插座（三线制）。

（3）在特别危险的场所应采用＿＿＿＿＿电压的手提式工具。

（4）若发现＿＿＿＿＿缠卷拧劲，要耐心解开，不得手提电线强力抖动，更不准把工具提起，旋转松动。

（5）使用手持电动工具前应检查其各部分有无松动，＿＿＿＿＿＿＿＿＿和电源线有无漏电。

（6）使用手砂轮时，必须在手砂轮上装有牢固的防护罩，并检查＿＿＿＿＿＿＿有无裂纹。若有裂纹，应立即更换。

5．关于使用漏电自动保护器的规定

（1）凡应安装漏电自动保护器的手持电动工具和移动式设备，必须安装漏电自动保护器，否则禁止使用。

（2）若漏电自动保护器合不上闸，说明在被保护电路中漏电电流超过漏电自动保护器的＿＿＿＿＿电流，应由电工检查漏电自动保护器电路，在排除故障后方可合闸。

（3）凡未安装漏电自动保护器的场所，使用手持电动工具或移动式设备而发生人身事故时，要追究＿＿＿＿＿＿＿＿的责任，根据有关规定给予处罚和处理。

（4）安装漏电自动保护器的垂直允许误差为 ±5°，上端输入，下端输出。

（5）＿＿＿＿＿＿＿＿＿必须与短路保护器（如低压断路器等）配合使用。

（6）漏电自动保护器不允许在＿＿＿＿＿＿＿用直接接地的方法检查漏电保护特性。

（7）当漏电自动保护器因触电或漏电而分断时，需查明原因并排除故障后，才能合闸使用。

6．电梯电工类安全操作规程

（1）电工必须经专业培训、考核合格，凭特种作业操作证工作，操作时必须遵守电气安全的有关规定。

（2）安装接线前应先断开＿＿＿＿＿，做好标志，经验电证明确实已无电，并采取防止突然送电的安全措施，方可工作。

（3）线路安装应符合电工安全操作规程，安全合理、布置整齐。

（4）各种安全防护装置要齐全有效，设备及元器件的_____良好。

（5）电器或线路拆除后，遗留的线头应及时用绝缘布包好。

（6）登高作业时，电工应佩戴安全带，使用梯子前应认真检查梯子，梯脚应有_____橡皮，并放置在坚固支撑物上，顶端应有防滑沟，并有人扶梯。

（7）在低压带电作业时必须使用绝缘工具，站在干燥的绝缘物上，并设有电工工作经验的监护人。

（8）靠近_____设备工作时，严禁使用金属尺、锉刀等工具。

7．电梯钳工类安全操作规程

（1）电梯钳工必须熟知有关安全方面的规章制度，严格执行本工种安全操作规程。

（2）工作中零部件应稳固地放在指定地点。

（3）两人以上做同一工作或搬运大件时，必须有人统一指挥，动作要协调。

（4）使用手拉葫芦时，必须遵守手拉葫芦操作规定。

（5）安装轿厢或曳引机时，严禁上下_____工作。

（6）在高处作业时，应执行建筑安装工程安全操作规程中的高处作业安全规定，所有工具、零件禁止放在_____，应放在工作台面中间或安全的地方，以免落下伤人。

（7）工作中要时刻预防触电、物体打击、高处坠落等事故发生。

8．电梯轿厢安装安全操作规程

（1）检查所用各种工具是否处于_____状态下，若有问题，应修复后再用。

（2）安装人员要服从现场负责人指挥，未经安全教育的人员不得从事安装工作。

（3）必须按工艺规定进行安装，并事先采取可靠措施。

（4）轿厢应在最高层的井道内安装，在轿厢进入井道前，应将轿厢最高层_____拆除，以免妨碍正常工作。

（5）使用手持电动工具起重机械时，必须遵守其相应的操作规程。

（6）使用吊车或手拉葫芦装拆大的部件时，要遵守其安全操作规程。

9．电梯曳引机安装调试安全操作规程

（1）工作前要扎紧袖口，清理现场，达到工作场地周围及人行道_____。

（2）安装曳引机后，应检查其润滑系统，并检查曳引机转动部分是否灵活。

（3）安装或拆卸曳引机时，若曳引机零部件超过_____kg，要借助手拉葫芦来搬运，在使用起重机时先检查吊绳和夹具是否安全可靠，且安全通道不得被占用。

二、绘制井道净面积平面图

电梯安装作业人员从项目组组长处领取电梯井道平面图，根据施工现场测绘结果，确认井道是否满足电梯安装要求，并绘制井道净面积平面图（见表1-2-1）。井道净面积平面图主要包括井道首层出入口尺寸、井道深度最小尺寸、井道宽度最小尺寸、井道各层出入口两侧最大尺寸等。

表1-2-1　井道净面积平面图

绘制井道净面积平面图	备注

三、明确样板架安装流程

熟悉电梯样板架的安装流程，填写表1-2-2所示电梯样板架安装流程表。

表1-2-2　电梯样板架安装流程表

1. 安装流程

电梯样板架安装流程包括曳引机定位、承重梁定位、承重梁安装、曳引机安装、限速器安装及验收等。将电梯样板架安装流程按正确的顺序填在下面的框中。

电梯样板架安装流程

续表

2. 安装注意事项

四、制订工作计划

根据电梯样板架的安装要求，制订工作计划，填写在表 1-2-3 中。

表 1-2-3　电梯样板架安装工作计划

电梯型号	
制作样板架的材料	
所需的工具、设备、材料	

人员分工

序号	工作内容	负责人	计划完成时间	备注

序号	工作内容	负责人	计划完成时间	备注

制订工作计划之后，需要对计划内容、安装流程进行可行性研究，要求对实施地点、准备工作、安装流程等细节进行探讨，保证后续安装工作安全、可靠地执行。

五、领取电梯样板架安装工具和材料

领取相关工具和材料，就工具和材料的名称、数量、单位及规格进行核对，填写工具和材料领用表（见表1-2-4），为工具和材料领取提供凭证。在教师指导下，了解相关工具的使用方法，检查工具是否能正常使用，并准备样板架安装所需的材料。

表1-2-4　工具和材料领用表

序号	名称	图示	单位	数量	规格	领用时间	领用人	归还时间	备注
1	钢直尺								
2	直角尺								
3	墨斗								
4	电锤								
5	水平尺								

续表

序号	名称	图示	单位	数量	规格	领用时间	领用人	归还时间	备注
6	钢卷尺								
7	锤子	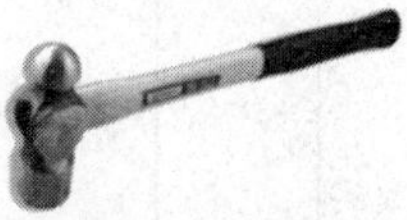							
8	木方								
9	角钢								
10	U形钉	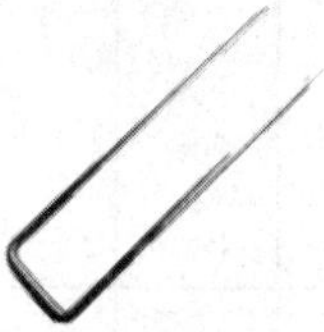							
11	钉子	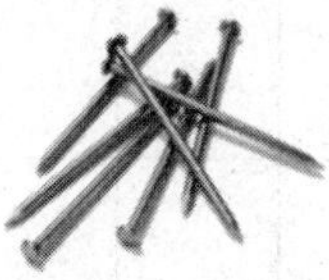							
12	钢丝								
13	膨胀螺栓								
14	铅坠								

续表

序号	名称	图示	单位	数量	规格	领用时间	领用人	归还时间	备注
15	手电钻								
16	普通钻头	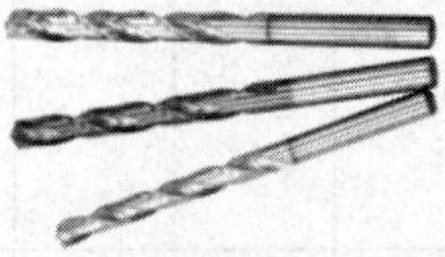							
17	冲击钻头	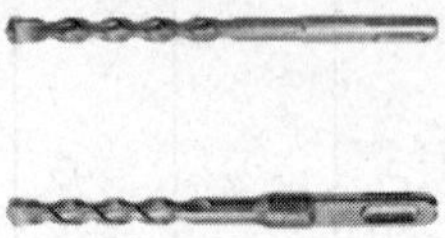							
18	垫片	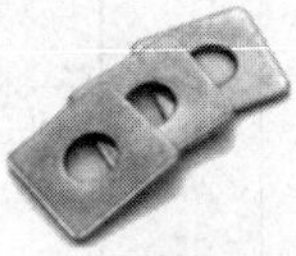							
19	手锯								
20	水桶								
21	水平管								
注意事项	1. 领用人应保管好所领取的工具及材料，若有遗失，需照价赔偿 2. 领用的工具不得在实训以外场地使用，未经允许不得借给他人使用 3. 易耗工具及材料在教师确认后可以以旧换新 4. 避免材料的浪费								

学习活动 3　设备安装及验收

学习目标

1. 能查阅相关资料，学习电梯样板架安装方法。

2. 能按工艺和安全操作规程要求，完成电梯样板架的安装。

3. 能对电梯样板架安装结果进行自检和验收。

建议学时：12 学时。

学习过程

一、学习电梯样板架安装方法

通过查阅相关资料，回答下列问题，学习电梯样板架安装方法。

1. 图 1-3-1 中应包含哪些电梯部件？井道内每层都有的部件有哪些？

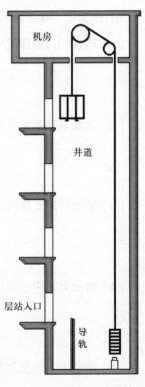

图 1-3-1　井道立剖面简图

2．在电梯井道中安装哪些部件时需要使用垂直基准线？

3．按用途不同，直钉式样板架分为哪几种？

4．如果电梯提升高度为 18 m，样板采用木质材料，则样板架的厚度和宽度各是多少？而作为样板架支撑用的方木的厚度和宽度应是多少？

5．什么是放线点？有脚手架安装和无脚手架安装的放线点有何不同？放线点的精度是多少？

6．根据图 1-3-2 所示电梯井道平面图，回答如下问题。

（1）电梯门口中线尺寸是多少？

（2）轿厢导轨高度是多少？

（3）轿厢导轨支架高度是多少？

（4）轿厢导轨中心线和对重导轨中心线的间距是多少？

（5）地坎运行间隙的范围应是多少？

（6）轿厢后壁与对重导轨中心线的距离是多少？

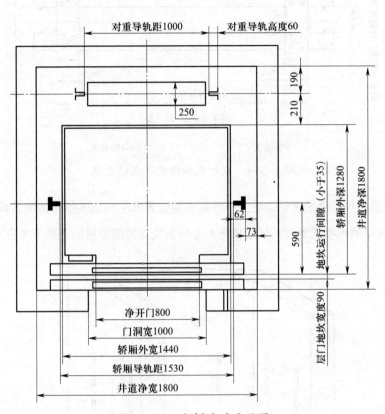

图 1-3-2　电梯井道平面图

7．图 1-3-3 所示为直钉式样板放线点示意图，图中 1、2、3、4 为轿厢导轨矫正落线点，6、7、8、9 为轿厢导轨支架安装位置落线点。根据图 1-3-2 所示电梯井道平面图的尺寸，计算 A、B、C，其中轿厢导轨型号为 T75。

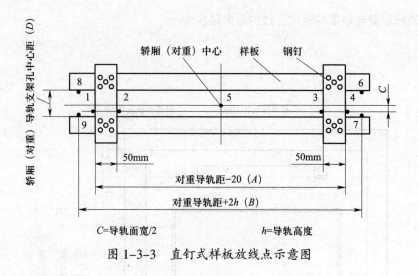

图 1-3-3　直钉式样板放线点示意图

8．水平管即有刻度的透明软管。样板架安装位置水平样线的作用是确定样板架的水平度。图 1-3-4 中的水平管能起到什么作用？上样板架与井道顶部的距离是多少？

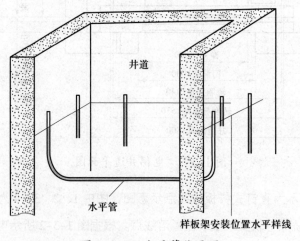

图 1-3-4　水平管找平图

9．用哪几种方法架设样板架？若需使用支架固定法，则需用直径多大的膨胀螺栓进行固定？

10．样板架支架和样板架本身的安装精度有几项？分别有什么要求？

11．图 1-3-5 所示为上下样线固定示意图，放线点开口角度 θ 应不大于多少？为什么上样板放线点采用锐角开口，而下样板采用梯形开口？图 1-3-5b 中 8 ～ 12 kg 指的是什么？

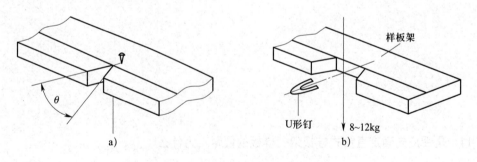

图 1-3-5　上下样线固定示意图

a）上样板　b）下样板

12．图 1-3-6 所示为稳定样线示意图。将铅坠这样处理的目的是什么？

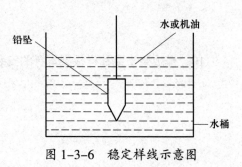

图 1-3-6　稳定样线示意图

13．样线一般采用何种材料？铅坠的质量一般是多少？

14．是否应先确定直钉式样板架门样板的位置？为什么？

15．图 1-3-7 所示为出入口样线设置示意图，此图中轿厢出入口是否为首层？出入口样线是在井道内还是在井道外？出入口样线是根据什么标准确定的？出入口中心线是否应和门样板的中心线重合？

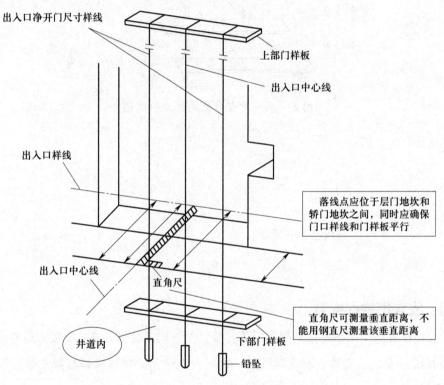

出入口净开门尺寸样线

上部门样板

出入口中心线

出入口样线

落线点应位于层门地坎和轿门地坎之间，同时应确保门口样线和门样板平行

出入口中心线

直角尺

直角尺可测量垂直距离，不能用钢直尺测量该垂直距离

井道内

下部门样板

铅坠

图 1-3-7　出入口样线设置示意图

16．样板架样线应有几根？各样线的作用是什么？

17．图 1-3-8 所示为对重后置式机房引线图，调整轿厢样板和对重样板的中心点位置时，是以样板架为基准还是以机房中心预留孔为基准？为什么？

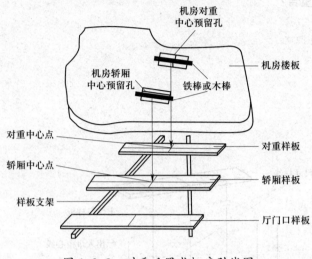

图 1-3-8　对重后置式机房引线图

二、安装电梯样板架

按照电梯井道平面图完成电梯样板架安装，并注意安装的要求。安装完成并由指导教师检查样板架安装的完整性和正确性后，方可投入使用。将电梯样板架安装过程记录在表 1-3-1 中。

表 1-3-1　电梯样板架安装过程记录表

序号	项目	操作简图	项目内容	完成情况
1	门样板制作	出入口中心位置 净开门尺寸	根据井道平面图确定净开门尺寸，再确定出入口中心位置	□完成 □未完成

续表

序号	项目	操作简图	项目内容	完成情况
2	轿厢样板或对重样板制作		两垂直短木条的最大间距应为"导轨距 −20 mm"	□完成 □未完成
3	放线点修整	放线点 V形槽	放线点误差应小于 0.3 mm，并在放线点位置开出小槽，以便于固定样线	□完成 □未完成
4	下样板制作	放线点 梯形槽	下样板和上样板的区别在于开槽不同	□完成 □未完成
5	上下样板安装	M12螺栓 导轨支架连接板 支撑底座 M16膨胀螺栓	先用水平管找出水平基准线，再进行打孔固定，其水平偏差应小于 5 mm	□完成 □未完成
6	门样板位置确定	出入口净开门尺寸样线 门样板 井道	先确定门样板，再以门样线为基准进行其他样板调整	□完成 □未完成

续表

序号	项目	操作简图	项目内容	完成情况
7	轿厢样板安装和调整	放线点 L_1 L_2 门样板中心	确保门样板和轿厢样板平行，测量 L_1 和 L_2，两者大小一致时轿厢样板中心和门样板中心处在同一条直线上	□完成 □未完成
8	对重样板安装和调整	放线点 L_3 L_4 轿厢样板中心	确保轿厢样板和对重样板平行，测量 L_3 和 L_4，两者大小一致时对重样板中心和轿厢样板中心处在同一条直线上	□完成 □未完成
9	样板固定	样板 水平尺 垫片	样板架调整好后，先用水平尺测量水平度，若水平度不符合要求，可用垫片调整之后再固定样板架，其水平度应小于 0.5/600	□完成 □未完成
10	基准线悬挂	钉子 放线点 木质样板 开口角度≤30° 样线	样线应采用直径为 0.4～0.5 mm 的钢丝悬挂，铅坠质量一般为 10～20 kg	□完成 □未完成

续表

序号	项目	操作简图	项目内容	完成情况
11	下样线固定	 下样板 U形钉 样线	根据样线位置调整下样板位置并固定样线	□完成 □未完成

三、进行电梯样板架安装自检

根据电梯样板架安装情况，以样板架为主要检测对象进行自检（见表 1-3-2）。如果偏差过大，应对可调整的偏差进行调整，不可调整的偏差应在"备注"栏注明。

表 1-3-2　电梯样板架安装自检表

序号	电梯样板架安装要求	安装情况	自检情况	备注
1	上样板架位于井道顶 800 ~ 1 000 mm 处			
2	下样板架位于井道底 800 ~ 1 000 mm 处			
3	样板架按井道最小净面积安置			
4	上样板架和下样板架的位置公差 ≤ 1 mm			
5	样线悬挂牢固、可靠			

四、进行电梯样板架安装验收

以小组为单位进行电梯样板架安装验收工作。电梯样板架安装验收表（见表 1-3-3）只填写主控项目和一般项目的验收结果。根据测量结果在"验收结果"的"合格"栏或"不合格"栏画"√"。本次验收不再进行调整。验收人为项目负责人。

表 1-3-3　电梯样板架安装验收表

项目名称		电梯样板架安装	记录编号		
验收项目				验收结果	
				合格	不合格
主控项目	实际放线点和标准放线点的偏差小于 0.3 mm		门样板净开门尺寸样线		
			门样板中心线和井道中心线		

验收项目		验收结果	
		合格	不合格
主控项目	实际放线点和标准放线点的偏差小于 0.3 mm	两侧轿厢导轨样线与门样板中心线的距离		
		两侧对重导轨样线与轿厢样板中心的距离		
		门样板中心、轿厢样板中心、对重样板中心应在同一条直线上		
一般项目	样板架水平度不大于 0.5/600			
	下样板上落线点与样线的偏差不大于 1 mm			
验收人			日期	

学习活动 4　工作总结与评价

学习目标

　　1. 能按分组情况，派代表展示工作成果，说明本次任务的完成情况，并进行分析总结。

　　2. 能结合任务完成情况，正确规范地撰写工作总结。

　　3. 能对本次任务中出现的问题提出改进措施。

　　4. 能对学习与工作进行反思总结，并能与他人开展良好合作，进行有效沟通。

　　建议学时：2学时。

学习过程

一、个人、小组评价

　　以小组为单位，选择演示文稿、展板、海报、视频等形式中的一种或几种，向全班展示、汇报安装成果。在展示的过程中，以小组为单位进行评价；评价完成后，根据其他小组成员对本组展示成果的评价意见进行归纳总结。

　　汇报思路设计：

其他小组成员的评价意见：

二、教师评价

认真听取教师对本小组展示成果优缺点以及在完成任务过程中出现的亮点和不足的评价意见，并做好记录。

1．教师对本小组展示成果优点的点评。

2．教师对本小组展示成果缺点及改进方法的点评。

3．教师对本小组在整个任务完成过程中出现的亮点和不足的点评。

三、工作过程回顾及总结

1．在团队学习过程中，项目负责人给你分配了哪些工作任务？你是如何完成的？还有哪些需要改进的地方？

2．总结完成电梯样板架的安装任务过程中遇到的问题和困难，列举 2～3 点你认为比较值得和其他同学分享的工作经验。

3．回顾本学习任务的工作过程，对新学专业知识和技能进行归纳和整理，撰写工作总结。

评价与分析

　　按照客观、公正和公平原则，在教师的指导下按自我评价、小组评价和教师评价三种方式对自己或他人在本学习任务中的表现进行综合评价。综合等级按 A（90 ~ 100）、B（75 ~ 89）、C（60 ~ 74）、D（0 ~ 59）四个级别填写在表 1-4-1 中。

表 1-4-1　学习任务综合评价表

考核项目	评价内容	配分 / 分	评价分数		
			自我评价	小组评价	教师评价
职业素养	安全防护用品穿戴完备，仪容仪表符合工作要求	5			
	安全意识、责任意识强	6			
	积极参加教学活动，按时完成各项学习任务	6			
	团队合作意识强，善于与人交流和沟通	6			
	自觉遵守劳动纪律，尊敬师长，团结同学	6			
	爱护公物，节约材料，管理现场符合"6S"标准	6			
专业能力	专业知识扎实，有较强的自学能力	10			
	操作认真，训练刻苦，具有一定的动手能力	15			
	技能操作规范，遵循安装工艺，工作效率高	10			
工作成果	电梯样板架安装符合工艺规范，安装质量高	20			
	工作总结符合要求	10			
总分		100			
总评	自我评价 ×20%+ 小组评价 ×20%+ 教师评价 ×60%=	综合等级		教师（签名）：	

学习任务二　电梯机房设备安装

学习目标

1. 能通过阅读电梯机房设备安装任务单，明确工作任务。
2. 能查阅相关资料，学习电梯机房设备基本知识。
3. 能根据任务要求勘察施工现场，绘制实际机房平面图。
4. 能明确电梯机房设备安装流程。
5. 能根据电梯机房设备安装流程，制订工作计划。
6. 能根据施工需要，领取相关工具和材料。
7. 能查阅相关资料，学习电梯机房设备的安装方法。
8. 能按工艺和安全操作规程要求，完成电梯机房设备的安装。
9. 能对电梯机房设备安装结果进行自检和验收。
10. 能对电梯机房设备安装过程进行总结与评价。

建议学时

32 学时。

工作情境描述

　　学院某办公楼需安装一部知名品牌四层四站电梯，电梯样板架已安装，放样线工作已经完成。受学院委托，电梯工程技术专业学生承接电梯机房设备安装工作任务。参照国家标准《电梯制造与安装安全规范　第 1 部分：乘客电梯和载货电梯》（GB/T 7588.1—2020）中"5.2 井道、机器空间和滑轮间"和《电梯工程施工质量验收规范》（GB 50310—2002）中"4.2 土建交接检验""4.3 驱动主机"及企业相关文件，根据任务要求，在 4 个工作日内完成机房设备的安装，完成后交付验收。

工作流程与活动

学习活动1　明确工作任务（6学时）

学习活动2　制订工作计划（4学时）

学习活动3　设备安装及验收（20学时）

学习活动4　工作总结与评价（2学时）

学习活动1 明确工作任务

学习目标

1. 能通过阅读电梯机房设备安装任务单，明确工作任务。

2. 能查阅相关资料，学习电梯机房设备基本知识。

建议学时：6学时。

学习过程

一、接受任务单，明确工作任务

电梯安装作业人员从项目组组长处领取电梯机房设备安装任务单（见表2-1-1），明确安装项目、时间、地点等内容。

表2-1-1 电梯机房设备安装任务单

建设单位	××××电梯安装公司		联系人		电话	
工程地址	1号办公楼		施工电梯数量	1部	品牌型号	KONE 3000
工程类型	☑安装 □调试 □维修 □改造				告知书编号	津××0201304××
项目名称	电梯机房设备安装					
施工工期	____天，从____年__月__日至____年__月__日					
施工电梯主要技术参数						
额定载重量	1 000 kg	承重梁位置	楼板上	层站数	4	曳引机型号

MX18

续表

曳引比	□ 1∶1 □ 2∶1	导向轮	□有 □无	曳引机 形式	盘式	对重 位置	后置

电梯机房 平面图	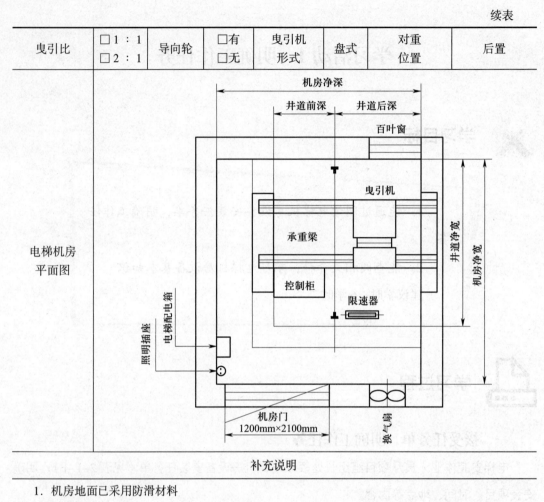

补充说明

1. 机房地面已采用防滑材料

2. 机房尺寸为 3 200 mm（长）× 2 800 mm（宽）× 1 800 mm（高）

3. 机房绳孔已预留

施工现场 负责人		签发人		日期	年　月　日

通过阅读安装任务单，回答以下问题：

1. 该任务要求工期是多长时间？

2. 该任务的具体安装内容是什么？

3. 本次任务中涉及的电梯主要技术参数有哪些？

4．机房空间是否满足设备安装需要?

二、认知机房主要设备

根据电梯原理相关资料，认知曳引机承重梁，学习曳引机的组成、结构及工作原理相关知识。

1．曳引机承重梁的认知

由于建筑结构不同，承重梁的安装位置也有所不同。查阅电梯相关资料，将表 2-1-2 所示曳引机承重钢梁认知表补充完整。

表 2-1-2　曳引机承重钢梁认知表

安装位置	图示	特点
钢梁在楼板上		（1）在土建施工时未能及时_____，或电梯井道上缓冲距离_____的情况下，可采用此方法 （2）钢梁两端必须架于承重结构____
钢梁在楼板中		（1）当电梯井道顶层高度及上缓冲距离符合规范设计要求时，承重钢梁可安装在楼板_____，以使机房整洁和便于维修 （2）此方法由土建施工负责，承重梁必须与楼板_____

续表

安装位置	图示	特点
钢梁在楼板下		（1）当电梯顶部的空间很大时，承重钢梁也可以安装在楼板_____，以使机房整洁和便于维修 （2）此方法由土建施工负责，承重梁必须与楼板_____
钢梁在井道壁上		此方法多用于_____的安装

2．曳引机的认知

（1）曳引机是电梯的重要拖动装置，应用场合广泛，种类也有很多种。查阅电梯相关资料，将表2-1-3所示常见曳引机认知表补充完整。

表2-1-3　常见曳引机认知表

类型	外形	使用特点
永磁同步无齿曳引机		结构紧凑、体积____、质量小、传动效率高、振动____、噪声小、能耗低，但造价较____，多用于无_____电梯
蜗轮蜗杆有齿曳引机		受力合理、传动平稳、维修____、有较好的抗冲击载荷能力，但传动效率____，工作时易发热，适用于中、低速电梯

（2）写出图 2-1-1 所示曳引机的组成。

图 2-1-1　曳引机的组成

1—_____　　2—_____　　3—_____

4—_____　　5—_____　　6—_____

3. 限速器的认知

根据电梯结构相关知识，将表 2-1-4 所示限速器认知表补充完整。

表 2-1-4　限速器认知表

图示	限速器类型、组成及适用范围
	类型：_____ 组成： 1—_____ 2—_____ 3—_____ 4—_____ 适用范围：_____ _____

续表

图示	限速器类型、组成及适用范围
	类型：双向限速器 适用范围：_____ _____ _____
	类型：单向限速器 适用范围：_____ _____ _____
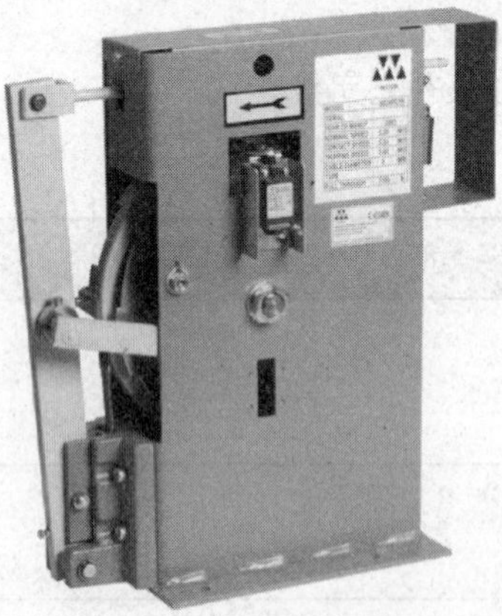	类型：高速限速器 适用范围：_____ _____ _____

学习活动 2　制订工作计划

学习目标

1. 能根据任务要求勘察施工现场，绘制实际机房平面图。

2. 能明确电梯机房设备安装流程。

3. 能根据电梯机房设备安装流程，制订工作计划。

4. 能根据施工需要，领取相关工具和材料。

建议学时：4 学时。

学习过程

一、绘制实际机房平面图

电梯安装作业人员从项目组组长处领取电梯机房平面图，根据施工现场测绘结果，绘制实际机房平面图（见表 2-2-1）。实际的机房平面图主要包括机房尺寸、机房门位置、轿厢曳引点、对重曳引点、承重梁位置及尺寸、限速器安装位置及尺寸等。

二、明确电梯机房设备安装流程

熟悉电梯机房设备安装流程，填写表 2-2-2 所示电梯机房设备安装流程表。

三、制订工作计划

根据电梯机房设备的安装要求，制订工作计划，填写在表 2-2-3 中。

制订工作计划之后，需要对计划内容、安装流程进行可行性研究，要求对实施地点、准备工作、安装流程等细节进行探讨，保证后续安装工作安全、可靠地执行。

表 2-2-1 实际机房平面图

绘制实际机房平面图	备注

表 2-2-2 电梯机房设备安装流程表

1. 安装流程

电梯机房设备安装流程包括曳引机定位、承重梁定位、承重梁安装、曳引机安装、限速器安装及验收等。将电梯机房设备安装流程按正确的顺序填在下面的框中。

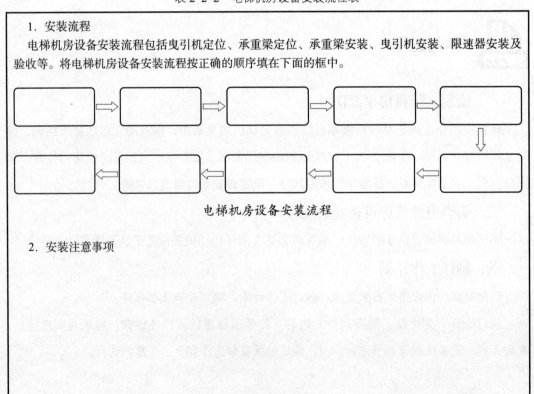

电梯机房设备安装流程

2. 安装注意事项

续表

（空白表格）

表 2-2-3　电梯机房设备安装工作计划

电梯型号	
机房设备列表	
所需的工具、设备、材料	

人员分工

序号	工作内容	负责人	计划完成时间	备注

四、领取机房设备安装工具和材料

领取相关工具和材料，就工具和材料的名称、数量、单位及规格进行核对，填写工具和材料领用表（见表 2-2-4），为工具和材料领取提供凭证。在教师指导下，了解相关工具的使用方法，检查工具是否能正常使用，并准备机房设备安装所需的材料。

表 2-2-4　工具和材料领用表

序号	名称	图示	单位	数量	规格	领用时间	领用人	归还时间	备注
1	钢直尺								
2	直角尺								
3	墨斗								
4	水平尺								
5	钢卷尺								
6	铅坠								
7	手电钻								

续表

序号	名称	图示	单位	数量	规格	领用时间	领用人	归还时间	备注
8	合金钻头	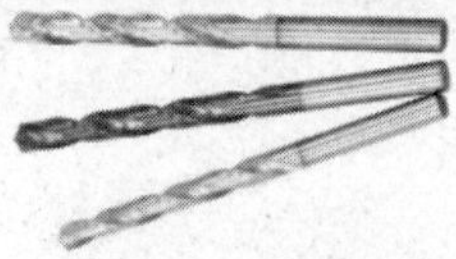							
9	钢丝								
10	型钢	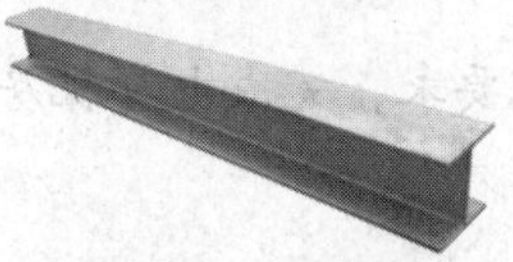							
11	螺栓								
12	垫片								
13	护栏								
14	手拉葫芦								
注意事项	1. 领用人应保管好所领取的工具及材料，若有遗失，需照价赔偿 2. 领用的工具不得在实训以外场地使用，未经允许不得借给他人使用 3. 易耗工具及材料在教师确认后可以以旧换新 4. 避免材料的浪费								

学习活动 3　设备安装及验收

学习目标

1. 能查阅相关资料，学习电梯机房设备安装方法。

2. 能按工艺和安全操作规程要求，完成电梯机房设备的安装。

3. 能对电梯机房设备安装结果进行自检和验收。

建议学时：20 学时。

学习过程

一、学习机房设备安装方法

通过查阅相关资料，回答下列问题，学习电梯机房设备的安装方法。

1.《电梯制造与安装安全规范　第 1 部分：乘客电梯和载货电梯》（GB/T 7588.1—2020）中对机房尺寸有何要求？

2.《电梯安装验收规范》（GB/T 10060—2011）中对机房的预留绳孔有哪些技术要求？

3．《电梯制造与安装安全规范　第 1 部分：乘客电梯和载货电梯》（GB/T 7588.1—2020）中对机房控制柜的安装尺寸有哪些要求？

4．曳引点基准线和承重梁的位置有什么关系？

5．确定机房曳引点时，若发现绳孔尺寸误差较大，此时可以将曳引点偏离原来的位置吗？为什么？

6．图 2-3-1 所示为绳孔位置示意图，对重中心点和轿厢中心点是如何由样板架引至机房地面的？图 2-3-1a 和图 2-3-1b 中哪一种属于曳引比 2 ∶ 1 绕法的绳孔设置？

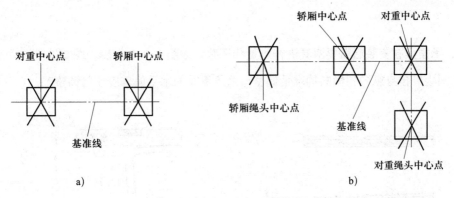

图 2-3-1　绳孔位置示意图

a）绳孔位置一　b）绳孔位置二

7．图 2-3-2 所示为承重梁位置示意图，如果图中的基准线表示曳引轮的轮槽中心，那么 L 和 L_1 是否一定相等？承重梁有什么作用？两承重梁的间隔和曳引机的哪项尺寸相关？

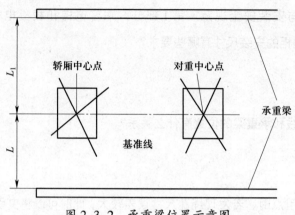

图 2-3-2　承重梁位置示意图

8．承重梁安装的高度和导向轮有关，一般承重梁的一端会埋入墙体。对于承重梁埋入墙体的部分有何要求？

9．承重梁在安装后需要对其进行测量和调整，如图 2-3-3 所示。图 2-3-3 中两承重梁的水平间距、自身纵向和横向的水平偏差与两承重梁的水平偏差应如何调整？

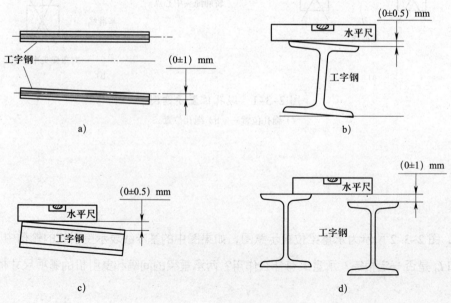

图 2-3-3　承重梁调整示意图

a）间距　b）自身横向水平度　c）自身纵向水平度　d）两承重梁的水平度

10．曳引机安装在承重梁上时，是否能直接焊接？为什么？

11．图2-3-4所示为曳引机吊装示意图，利用两台手拉葫芦向右移动曳引机时，槽钢支架的受力方向是哪个方向？若要曳引机在这种情况下向右移动，应如何操作？

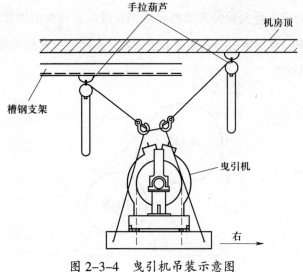

图 2-3-4　曳引机吊装示意图

12．图2-3-5所示为曳引轮调整示意图，曳引轮和导向轮的垂直偏差 x 和 y 应为多少？如果垂直偏差过大，应如何调整？

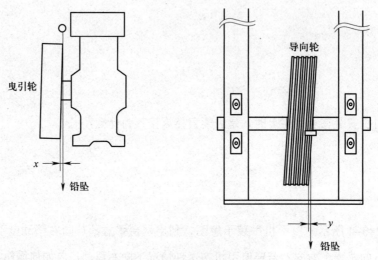

图 2-3-5　曳引轮调整示意图

13．图 2-3-6 所示为导向轮位置调整示意图，导向轮和曳引轮位置的调整是否能同时进行？图中轿厢中心至对重中心的距离 L 是否就是实际曳引轮和导向轮铅垂线之间的距离？如果不是，为什么？

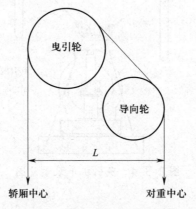

图 2-3-6　导向轮位置调整示意图

14．图 2-3-7 所示为曳引轮和导向轮横向调整示意图，调整曳引轮和导向轮的横向位置时，轿厢中心线和对重中心线是否都要对准轮槽的中心？为什么？

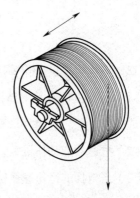

图 2-3-7　曳引轮和导向轮横向
　　　　　调整示意图

15．限速器一般安装在哪里？限速器是否可以在安装曳引机之前安装？

16．图 2-3-8 所示为限速器安装和调整示意图，限速器底座应用多厚的钢板制作？安装限速器时的垂直精度 $|a-b|$ 应小于多少？

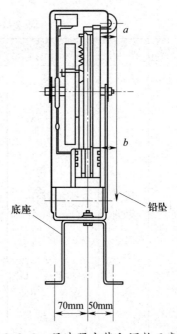

图 2-3-8　限速器安装和调整示意图

17.《电梯制造与安装安全规范　第 1 部分：乘客电梯和载货电梯》(GB/T 7588.1—2020)中对限速器钢丝绳和限速器绳轮都有什么要求？

18.电梯机房设备安装技术要求如下：

（1）电梯主机及其附属设备和滑轮应放置在由实体的墙壁、房顶、地板以及门或活板门组成的_____内，只有经过批准的人员才能进入。

（2）限速器应动作灵敏，其响应时间应控制在_____以内。

（3）当电梯的运行速度达到_____额定速度时，限速器开关动作并切断_____。

（4）当电梯的运行速度达到或超过_____额定速度时，安全钳动作，使_____驻停在导轨上。

（5）限速器绳孔的边缘应高出楼板_____，找正后，限速器钢丝绳和绳孔的内壁均应有_____以上的间隙。

二、安装电梯机房设备

根据电梯机房平面图完成机房设备安装，并注意安装的要求。安装完成并由指导教师检查设备安装的完整性和正确性后，方可通电测试设备功能，并将电梯机房设备安装过程记录在表 2-3-1 中。

表 2-3-1　电梯机房设备安装过程记录表

序号	项目	操作简图	项目内容	完成情况
1	机房勘测		测量机房高度。机房高度为从吊钩位置至机房地面的距离	□完成 □未完成

续表

序号	项目	操作简图	项目内容	完成情况
1	机房勘测	机房宽度　机房深度　绳孔	测量机房深度和宽度以及绳孔位置，并确定机房门位置	□完成 □未完成
2	曳引点引入机房	对重中心　基准线　轿厢中心	透过绳孔，用铅坠对准样板上的对重中心和轿厢中心	□完成 □未完成
		曳引点铅垂线　弹线痕迹　绳孔	用墨斗过铅垂线弹两条直线	□完成 □未完成
		纸板　曳引点	用纸板盖在绳孔上，补全弹出的直线	□完成 □未完成

序号	项目	操作简图	项目内容	完成情况
3	承重梁定位	 曳引轮中心线 曳引机座 底座宽度　底座宽度 曳引轮中心与机座边缘距离	测量曳引轮中心至曳引机座边缘距离和底座宽度	□完成 □未完成
		 曳引机底座宽度 曳引轮槽中心 曳引点	根据曳引点连线和曳引轮中心重合的现象,确定曳引机底座宽度及位置	□完成 □未完成
4	承重梁安装	 承重梁 垫入16mm钢板 支撑座地脚固定	承重梁的支撑应避开放绳孔	□完成 □未完成
5	承重梁调整	 承重梁 垫片 支撑座	利用垫片调整承重梁至符合标准,反复测量合格后结束调整	□完成 □未完成

续表

序号	项目	操作简图	项目内容	完成情况
6	导向轮安装	承重梁　导向轮	将导向轮安装在承重梁上，若有螺栓，则使螺母在上	□完成 □未完成
7	导向轮粗调	调节螺栓　轮轴固定顶丝　导向轮轴	调整导向轮轴固定顶丝可调节导向轮的垂直偏差	□完成 □未完成
			可通过调节螺栓调整导向轮倾斜度	□完成 □未完成
8	曳引机吊装	曳引机　承重梁　导向轮	曳引机采用吊装方式安置在承重梁上	□完成 □未完成
			不要拧紧固定螺栓	□完成 □未完成
9	曳引机调整	曳引机　木头垫片　承重梁	抬高曳引机，一次只提起一个角。在每个角分别放入厚度为 20～25 mm 的木头垫片	□完成 □未完成

续表

序号	项目	操作简图	项目内容	完成情况
9	曳引机调整	垫片	用垫片调整曳引机水平度 ≤ 0.5/600	□完成 □未完成
		曳引轮中线　曳引点	调整曳引机位置，将曳引轮中线对准曳引点	□完成 □未完成
		减振橡胶块	用减振橡胶块替换木块，然后用夹具固定	□完成 □未完成

续表

序号	项目	操作简图	项目内容	完成情况
10	曳引轮和导向轮调整	±1.5mm 曳引轮 导向轮	不再调整曳引轮，调整导向轮，使其和曳引轮的平行度符合标准	□完成 □未完成
11	限速器安装	限速器	将限速器安装在楼板上，确保其旋转方向正确	□完成 □未完成
12	限速器调整	铅坠　垫片　绳孔	利用垫片调整限速器垂直度	□完成 □未完成
			利用铅坠确定限速器位置，将其调整合适	□完成 □未完成

三、进行电梯机房设备安装自检

根据电梯机房设备安装情况，以曳引机为主要检测对象进行自检（见表 2-3-2）。如果偏差过大，应对可调整的偏差进行调整，不可调整的偏差应在"备注"栏注明。

表 2-3-2　电梯机房设备安装自检表

序号	电梯机房设备安装要求		安装情况	自检情况	备注
1	曳引机	承重梁安装牢固			
		承重梁水平偏差为（0±0.5）mm			
		导向轮位置　横向偏差≤ 1.5 mm			
		导向轮位置　纵向偏差≤ 0.5 mm			
		曳引轮位置　横向偏差≤ 1.5 mm			
		曳引轮位置　纵向偏差≤ 0.5 mm			
		曳引轮减振橡胶块安装牢固			
		导向轮安装牢固可靠			
2	限速器	安装垂直偏差≤ 0.5 mm			
		安装方向正确			

四、进行电梯机房设备安装验收

以小组为单位进行电梯机房设备安装验收工作。电梯机房设备安装验收表（见表 2-3-3）只填写主控项目和一般项目的验收结果。根据测量结果在"验收结果"的"合格"栏或"不合格"栏画"√"。本次验收不再进行调整。验收人为项目负责人。

表 2-3-3　电梯机房设备安装验收表

项目名称		电梯机房设备安装		记录编号	
验收项目				验收结果	
				合格	不合格
主控项目	1. 曳引机和电动机工作正常，各部件润滑良好，无异常声响；曳引轮轮槽不应有严重不均匀的磨损，悬臂式曳引轮应有挡绳装置				
	2. 限速器的垂直偏差不大于 0.5 mm				
	3. 制动器应动作灵活，制动可靠，松闸时无摩擦现象				
	4. 曳引轮和导向轮对铅垂线的偏差在空载和满载工况下均应≤ 2 mm	曳引轮	≤＿＿mm		
		导向轮	≤＿＿mm		
一般项目	1. 紧急操作装置应有相应的操作说明，松闸扳手应呈红色，盘车轮应呈黄色，并有醒目的轿厢升降方向标志和开锁区标志				
	2. 机房内钢丝绳与楼板孔洞的间隙一般为 20 ~ 40 mm，通井道孔洞的台阶高度应不小于 50 mm				
	3. 限速器钢丝绳与导轨中心距离的偏差不超过 ±5 mm				
	4. 安装限速器时，要用铁板制作至少 50 mm 高的保护台阶				
	5. 放好限速器钢丝绳后，盖上限速器罩壳				
	6. 限速器外壳要可靠接地				
验收人				日期	

学习活动 4 工作总结与评价

学习目标

1. 能按分组情况，派代表展示工作成果，说明本次任务的完成情况，并进行分析总结。

2. 能结合任务完成情况，正确规范地撰写工作总结。

3. 能对本次任务中出现的问题提出改进措施。

4. 能对学习与工作进行反思总结，并能与他人开展良好合作，进行有效沟通。

建议学时：2 学时。

学习过程

一、个人、小组评价

以小组为单位，选择演示文稿、展板、海报、视频等形式中的一种或几种，向全班展示、汇报安装成果。在展示的过程中，以小组为单位进行评价；评价完成后，根据其他小组成员对本组展示成果的评价意见进行归纳总结。

汇报思路设计：

其他小组成员的评价意见：

二、教师评价

认真听取教师对本小组展示成果优缺点以及在完成任务过程中出现的亮点和不足的评价意见，并做好记录。

1．教师对本小组展示成果优点的点评。

2．教师对本小组展示成果缺点及改进方法的点评。

3．教师对本小组在整个任务完成过程中出现的亮点和不足的点评。

三、工作过程回顾及总结

1．在团队学习过程中，项目负责人给你分配了哪些工作任务？你是如何完成的？还有哪些需要改进的地方？

2．总结完成电梯机房设备的安装任务过程中遇到的问题和困难，列举 2 ～ 3 点你认为比较值得和其他同学分享的工作经验。

3．回顾本学习任务的工作过程，对新学专业知识和技能进行归纳和整理，撰写工作总结。

评价与分析

按照客观、公正和公平原则，在教师的指导下按自我评价、小组评价和教师评价三种方式对自己或他人在本学习任务中的表现进行综合评价。综合等级按 A（90 ~ 100）、B（75 ~ 89）、C（60 ~ 74）、D（0 ~ 59）四个级别填写在表 2-4-1 中。

表 2-4-1　学习任务综合评价表

考核项目	评价内容	配分 / 分	评价分数		
			自我评价	小组评价	教师评价
职业素养	安全防护用品穿戴完备，仪容仪表符合工作要求	5			
	安全意识、责任意识强	6			
	积极参加教学活动，按时完成各项学习任务	6			
	团队合作意识强，善于与人交流和沟通	6			
	自觉遵守劳动纪律，尊敬师长，团结同学	6			
	爱护公物，节约材料，管理现场符合"6S"标准	6			
专业能力	专业知识扎实，有较强的自学能力	10			
	操作认真，训练刻苦，具有一定的动手能力	15			
	技能操作规范，遵循安装工艺，工作效率高	10			
工作成果	电梯机房设备安装符合工艺规范，安装质量高	20			
	工作总结符合要求	10			
总分		100			
总评	自我评价 ×20%+ 小组评价 ×20%+ 教师评价 ×60%=	综合等级		教师（签名）：	

学习任务三　电梯轿厢和对重设备安装

学习目标

1. 能通过阅读电梯轿厢和对重设备安装任务单，明确工作任务。
2. 能查阅相关资料，学习电梯轿厢和对重设备基本知识。
3. 能根据任务要求勘察施工现场，绘制实际轿厢和对重设备平面图。
4. 能明确电梯轿厢和对重设备安装流程。
5. 能根据电梯轿厢和对重设备安装流程，制订工作计划。
6. 能根据施工需要，领取相关工具和材料。
7. 能查阅相关资料，学习电梯轿厢和对重设备的安装方法。
8. 能按照工艺和安全操作规程要求，完成电梯轿厢和对重设备的安装。
9. 能对电梯轿厢和对重设备安装结果进行自检和验收。
10. 能对电梯轿厢和对重设备安装过程进行总结与评价。

建议学时

68 学时。

工作情境描述

　　学院某办公楼需安装一部知名品牌四层四站电梯，电梯轿厢和对重导轨已安装完成。受学院委托，电梯工程技术专业学生承接电梯轿厢和对重设备安装工作任务。参照国家标准《电梯制造与安装安全规范　第 1 部分：乘客电梯和载货电梯》（GB/T 7588.1—2020）

中"5.4 轿厢、对重和平衡重"、《电梯安装验收规范》（GB/T 10060—2011）中"5.2.6 对重和平衡重""5.4 轿厢"、《电梯工程施工质量验收规范》（GB 50310—2002）中"4.5 门系统""4.6 轿厢""4.7 对重（平衡重）"和企业相关文件，根据任务要求，在 10 个工作日内完成电梯轿厢和对重设备的安装，完成后交付验收。

工作流程与活动

学习活动 1　明确工作任务（6 学时）

学习活动 2　制订工作计划（10 学时）

学习活动 3　设备安装及验收（50 学时）

学习活动 4　工作总结与评价（2 学时）

学习活动1　明确工作任务

学习目标

1. 能通过阅读电梯轿厢和对重设备安装任务单，明确工作任务。

2. 能查阅相关资料，学习电梯轿厢和对重设备基本知识。

建议学时：6学时。

学习过程

一、接受任务单，明确工作任务

电梯安装作业人员从项目组组长处领取电梯轿厢和对重设备安装任务单（见表3-1-1），明确安装项目、时间、地点等内容。

表3-1-1　电梯轿厢和对重设备安装任务单

建设单位	××××电梯安装公司	联系人		电话	
工程地址	1号办公楼	施工电梯数量	1部	品牌型号	KONE 3000
工程类型	☑安装 □调试 □维修 □改造		告知书编号	津××0201304××	
项目名称	电梯轿厢和对重设备安装				
施工工期	_____天，从_____年_____月_____日至_____年_____月_____日				

续表

施工电梯主要技术参数							
额定载重量	1 000 kg	额定速度	1.75 m/s	层站数	4	曳引机型号	MX18
曳引比	☑1：1 □2：1	导向轮	☑有 □无	曳引机形式	盘式	对重位置	后置
安全钳形式	□瞬时式 □渐进式		缓冲器形式			□蓄能型 □耗能型	
轿厢平面图	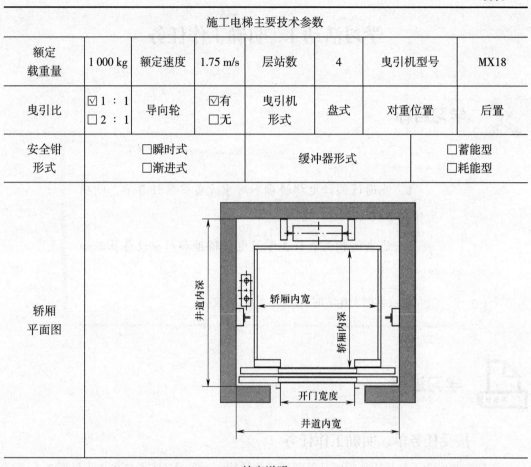						
补充说明							

1. 导轨已安装并调整完毕，顶层脚手架最上层已拆除
2. 井道内施工照明应满足作业要求
3. 电梯轿厢门为中分式带驱动

施工现场负责人		签发人		日期	年　月　日

通过阅读安装任务单，回答以下问题：

1．该项工作在什么地点进行？

2．该项工作的具体内容是什么？

3．电梯主要技术参数中和本次任务相关的参数有哪些？

4．轿厢安装的前提条件是什么？

二、电梯轿厢和对重设备的认知

根据电梯原理相关资料，学习电梯轿厢和对重相关知识。

1．电梯轿厢相关设备认知

（1）根据表 3–1–2 图示，在表 3–1–2 中补全常用电梯轿厢名称及特点。

表 3–1–2　常用电梯轿厢名称及特点

图示	名称及特点
	该轿厢为杂物梯轿厢，无法载人，其内部面积小于_____m^2
	该轿厢为客梯轿厢，内部装饰豪华，其轿厢宽度一般_____轿厢深度，使处在最里面的乘客出梯方便

续表

图示	名称及特点
	该轿厢为＿＿＿＿＿＿＿轿厢，内部装饰简单，轿底一般为钢板，要求轿厢能承受较大的＿＿＿＿＿力
	该轿厢为观光梯轿厢，轿壁玻璃应使用＿＿＿＿＿玻璃
	该轿厢为病床梯轿厢，一般其轿厢深度要＿＿＿＿＿轿厢宽度，且大多配有前后两个轿门

（2）表 3-1-3 中图示为电梯轿厢的结构示意图，查询电梯轿厢相关知识，在表 3-1-3 中补充电梯轿厢的各组成部件名称。

表 3-1-3　电梯轿厢的组成

图示	组成
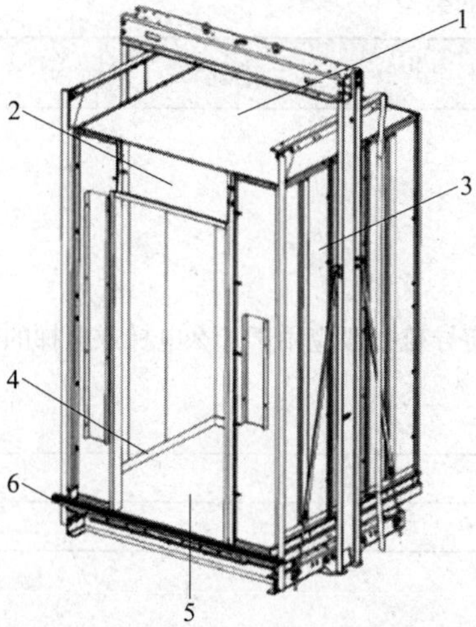	1——————————— 2——————————— 3——————————— 4——————————— 5——————————— 6———————————

（3）表 3-1-4 中图示为电梯轿厢架的结构示意图，查询电梯轿厢架相关知识，在表 3-1-4 中补充电梯轿厢架的各组成部件名称。

表 3-1-4　电梯轿厢架的组成

图示	组成
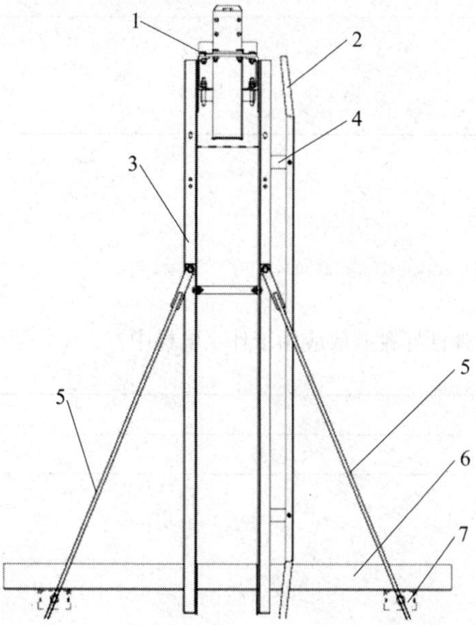	1——————————— 2——————————— 3——————————— 4——————————— 5——————————— 6——————————— 7———————————

（4）表 3-1-5 中图示为电梯导靴，查询电梯导靴相关知识，在表 3-1-5 中补充电梯导靴相关问题的答案。

表 3-1-5　电梯导靴的类型

图示	描述
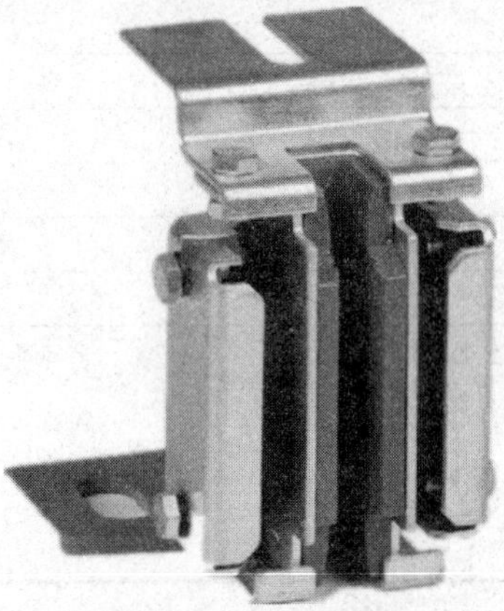	固定导靴一般应用于什么电梯或电梯的什么部位？ _____ _____
	滚动导靴一般应用于什么电梯中？ _____ _____ _____
	弹性导靴一般应用于什么电梯中？ _____ _____ _____

续表

图示	描述
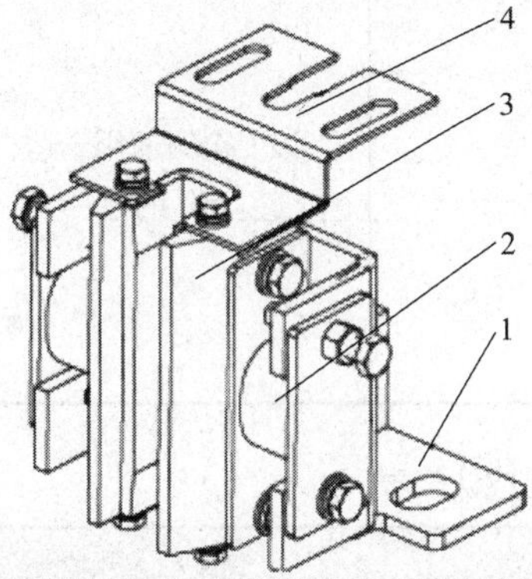	写出左图中导靴的各组成部件名称： 1—_____ 2—_____ 3—_____ 4—_____

（5）表 3–1–6 中图示为电梯安全钳，查询电梯安全钳相关知识，将表 3–1–6 所示电梯安全钳类型认知表和表 3–1–7 所示电梯安全钳结构组成认知表补充完整。

表 3–1–6　电梯安全钳类型认知表

安全钳种类	图示	制停方式	相关认知问题
滚柱式瞬时安全钳	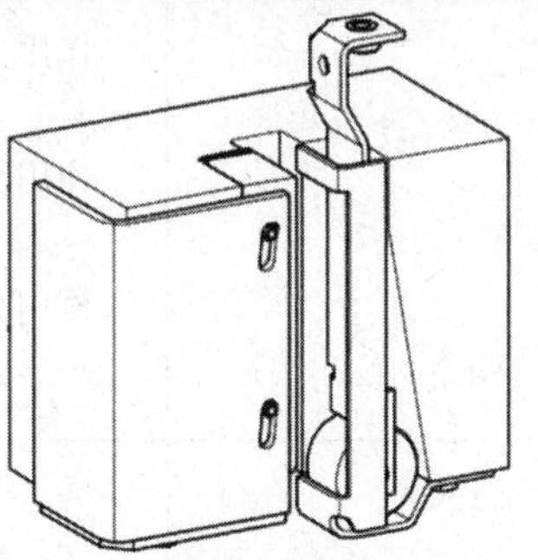		该安全钳适用于运行速度≤_____ m/s 的电梯
制动板式渐进安全钳	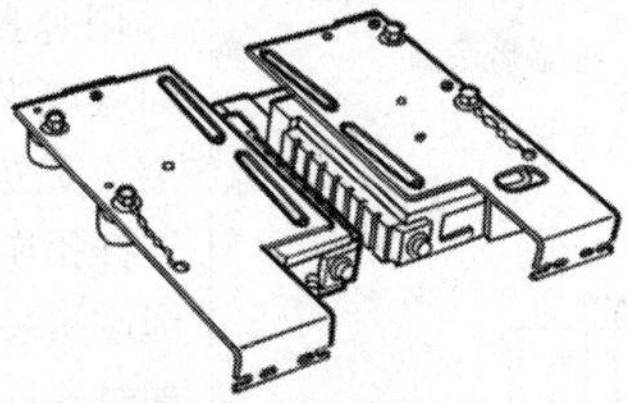		该安全钳适用于运行速度 >_____m/s 的电梯
楔块式渐进安全钳	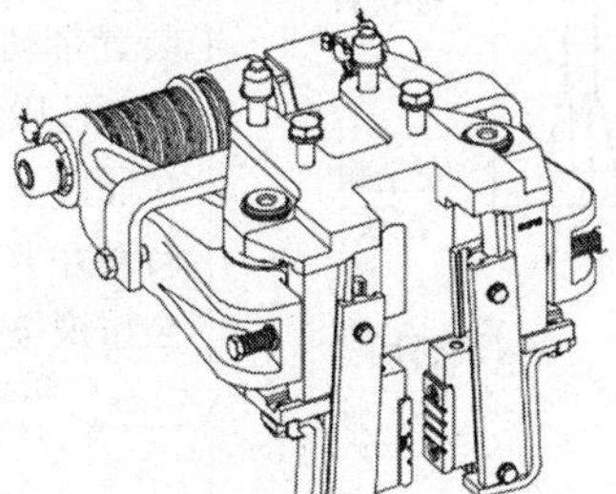		该安全钳适用于运行速度 >_____ m/s 的电梯

续表

安全钳种类	图示	制停方式	相关认知问题
偏心轮式双向安全钳	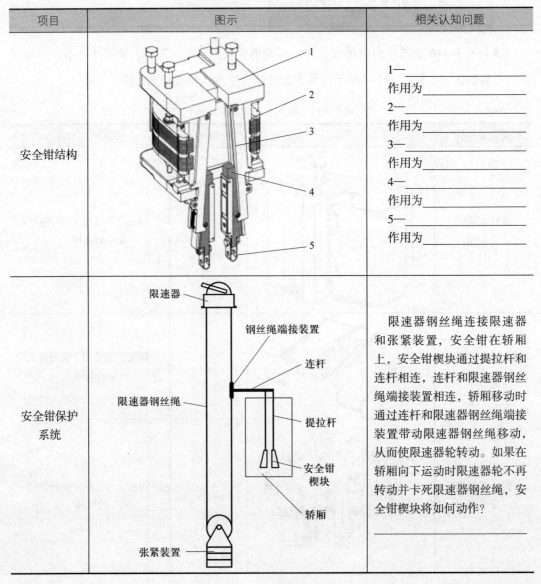		该安全钳适用于运行速度 ＞_____m/s 的电梯

表 3-1-7　电梯安全钳结构组成认知表

项目	图示	相关认知问题
安全钳结构		1—_____ 作用为_____ 2—_____ 作用为_____ 3—_____ 作用为_____ 4—_____ 作用为_____ 5—_____ 作用为_____
安全钳保护系统		限速器钢丝绳连接限速器和张紧装置，安全钳在轿厢上，安全钳楔块通过提拉杆和连杆相连，连杆和限速器钢丝绳端接装置相连，轿厢移动时通过连杆和限速器钢丝绳端接装置带动限速器钢丝绳移动，从而使限速器轮转动。如果在轿厢向下运动时限速器轮不再转动并卡死限速器钢丝绳，安全钳楔块将如何动作？_____

（6）查询电梯轿厢相关知识，将表 3-1-8 所示轿厢相关部件认知表补充完整。

表 3-1-8 轿厢相关部件认知表

图示	描述
 轿顶护栏 	当轿顶外侧边缘与井道壁水平自由间距大于 0.85 m 时，轿顶护栏的高度应为：_____ 当自由间距小于 0.85 m 时，轿顶护栏的高度应为：_____ 当自由间距小于 0.3 m 时，能否不安装轿顶护栏？_____
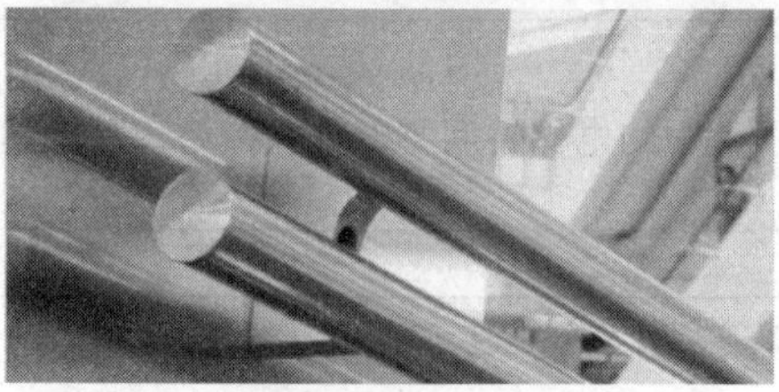	写出图片中电梯轿厢部件的名称和用途：_____ _____ _____
	写出图片中电梯轿厢部件的名称和用途：_____ _____ _____
	写出图片中电梯轿厢零部件的名称和用途：___ _____ 该零部件应安装在_____

图示	描述
	写出图片中电梯轿厢零部件的名称和用途：＿＿＿ 该零部件应安装在＿＿＿＿＿＿＿＿＿＿＿＿＿
	图片中的电梯轿厢零部件为轿厢护脚板，写出其用途：＿＿＿＿＿＿＿＿＿＿＿＿＿＿＿＿＿＿＿＿＿＿＿＿＿＿＿＿＿＿＿＿＿＿＿＿＿＿＿ 该零部件应安装在＿＿＿＿＿＿＿＿＿＿＿
	图片中的电梯轿厢零部件为撞弓，写出其用途：＿＿＿＿＿＿＿＿＿＿＿＿＿＿＿＿＿＿＿＿＿＿＿＿＿＿＿＿＿＿＿＿＿＿＿＿＿＿ 该零部件应安装在＿＿＿＿＿＿＿＿＿＿＿

2．电梯轿门认知

根据电梯轿门的组成相关知识，在表 3-1-9 中补充电梯轿门零件名称及作用，在表 3-1-10 中写出图示电梯轿门零件各组成部分的名称。

表 3-1-9　电梯轿门零件名称及作用

图示	名称	作用

续表

图示	名称	作用

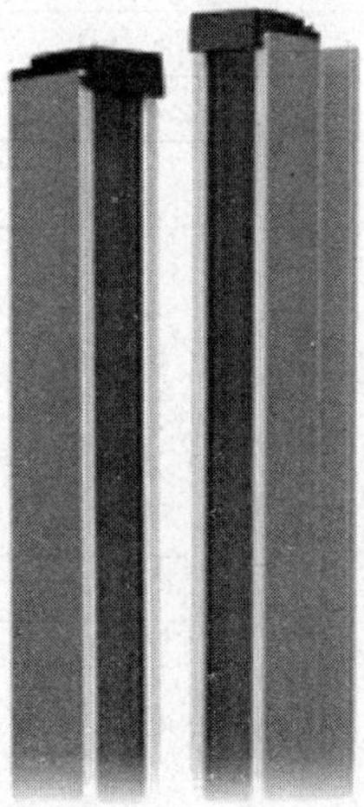		

图示	名称	作用
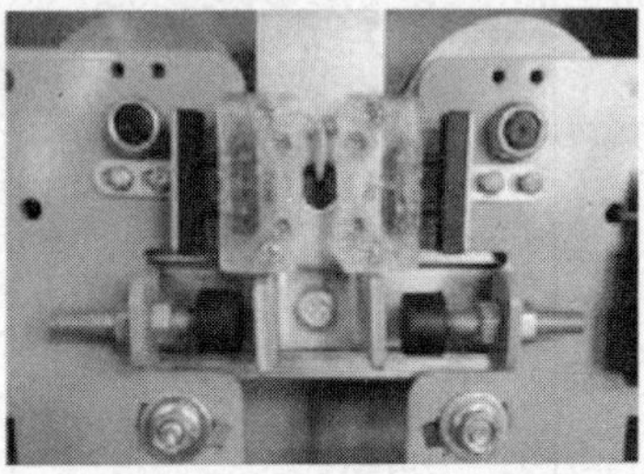		
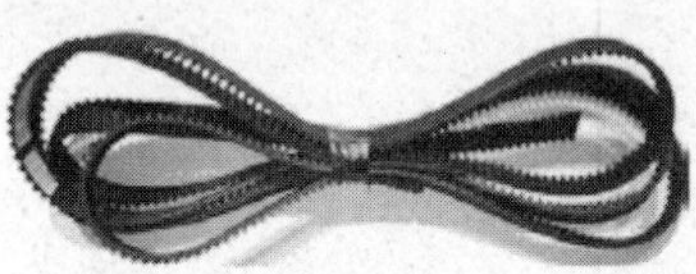		

表 3-1-10　电梯轿门零件的组成

图示	组成
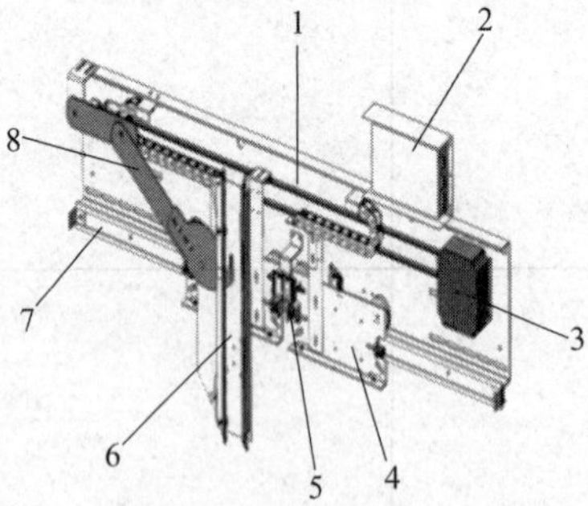	1—_____ 2—_____ 3—_____ 4—_____ 5—_____ 6—_____ 7—_____ 8—_____
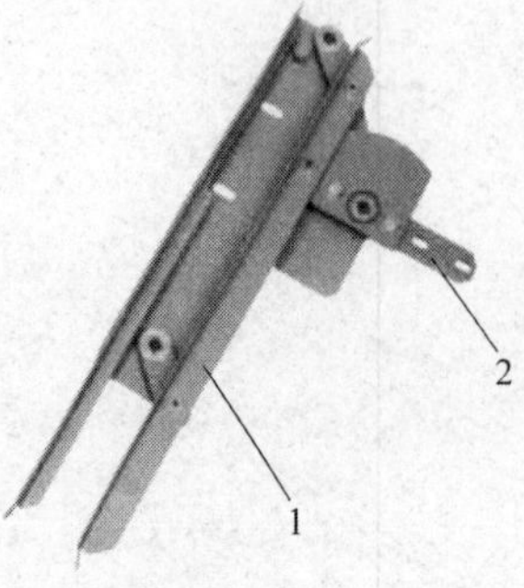	1—_____，作用为_____ 2—_____，作用为_____

3．电梯对重认知

（1）写出表 3-1-11 中图示对重的组成。

表 3-1-11　对重的组成

图示	组成
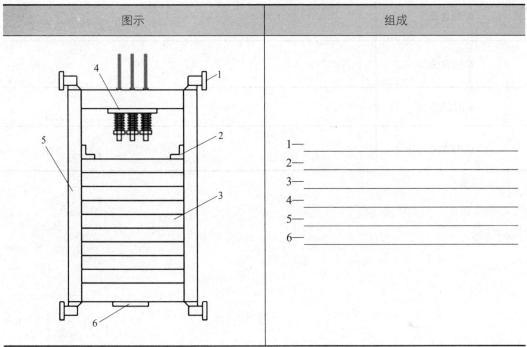	1——————————————— 2——————————————— 3——————————————— 4——————————————— 5——————————————— 6———————————————

（2）图 3-1-1 所示为电梯对重块，查询电梯对重相关知识，写出表 3-1-12 内对重计算公式中各物理量的含义。

图 3-1-1　电梯对重块

表 3-1-12　对重计算公式认知表

对重计算公式：$W=G+kQ$

W 的含义	
G 的含义	
k 的含义	
Q 的含义	

学习活动 2 制订工作计划

 学习目标

> 1. 能根据任务要求勘察施工现场，绘制实际轿厢和对重平面图。
> 2. 能明确电梯轿厢和对重设备安装流程。
> 3. 能根据电梯轿厢和对重设备安装流程，制订工作计划。
> 4. 能根据施工需要，领取相关工具和材料。
> 建议学时：10 学时。

 学习过程

一、绘制实际轿厢和对重平面图

电梯安装作业人员从项目组组长处领取电梯轿厢和对重平面图，根据施工现场测绘结果，绘制实际轿厢和对重平面图（见表 3-2-1），要求包括：井道最小截面积；轿厢与出入口的距离；轿厢中心与对重中心的距离；轿厢两侧与井道两侧的距离；轿厢门位置；轿厢深度和宽度；对重中心与井道后壁的距离；对重和轿厢间的距离。

二、明确电梯轿厢和对重设备安装流程

熟悉电梯轿厢和对重设备安装流程，填写表 3-2-2 所示电梯轿厢和对重设备安装流程表。

三、制订工作计划

根据电梯轿厢和对重设备的安装要求，制订工作计划，填写在 3-2-3 中。

表 3-2-1 实际轿厢和对重平面图

绘制实际轿厢和对重平面图	备注

表 3-2-2 电梯轿厢和对重设备安装流程表

1. 安装流程

电梯轿厢和对重设备安装流程包括轿厢架安装、轿壁拼装、轿厢相关部件安装、轿门地坎安装、轿门上坎安装、轿门门扇安装、对重架和对重块的安装及验收等。将电梯轿厢和对重设备安装流程按正确的顺序填在下面的框中。

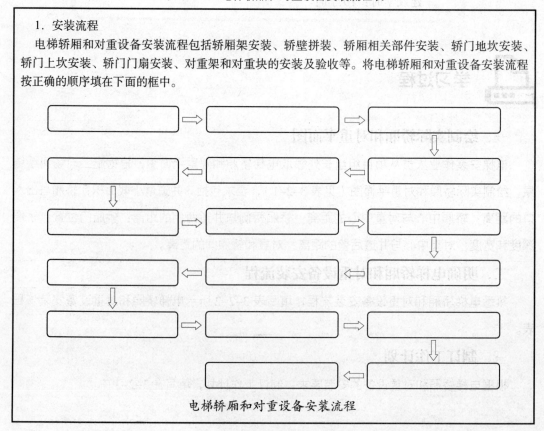

电梯轿厢和对重设备安装流程

续表

2. 安装注意事项

表 3-2-3　电梯轿厢和对重设备安装工作计划

电梯型号	
轿厢和对重设备列表	
所需的工具、设备、材料	

人员分工

序号	工作内容	负责人	计划完成时间	备注

续表

序号	工作内容	负责人	计划完成时间	备注

制订工作计划之后，需要对计划内容、安装流程进行可行性研究，要求对实施地点、准备工作、安装流程等细节进行探讨，保证后续安装工作安全、可靠地执行。

四、领取电梯轿厢和对重设备安装工具及材料

领取相关工具和材料，对工具和材料的名称、数量、单位及规格进行核对，填写工具和材料领用表（见表 3-2-4），为工具和材料领取提供凭证。在教师指导下，了解相关工具的使用方法，检查工具是否能正常使用，并准备轿厢和对重设备安装所需的材料。

表 3-2-4 工具和材料领用表

序号	名称	图片	单位	数量	规格	领用时间	领用人	归还时间	备注
1	钢直尺								

续表

序号	名称	图片	单位	数量	规格	领用时间	领用人	归还时间	备注
2	直角尺								
3	水平尺								
4	卷尺								
5	水平管								
6	铅坠								
7	锤子								
8	手锯								

续表

序号	名称	图片	单位	数量	规格	领用时间	领用人	归还时间	备注
9	呆扳手								
10	活扳手								
11	旋具								
12	手拉葫芦								
13	手电钻								
14	钻头								
15	垫片								

续表

序号	名称	图片	单位	数量	规格	领用时间	领用人	归还时间	备注
16	方木								
17	铁丝								
18	套筒扳手								
19	护脚板								
20	轿顶护栏								
21	撞弓								
22	对重块								

续表

序号	名称	图片	单位	数量	规格	领用时间	领用人	归还时间	备注
23	对重架								
24	导轨夹								
注意事项		1. 领用人应保管好所领取的工具及材料，若有遗失，需照价赔偿 2. 领用的工具不得在实训以外场地使用，未经允许不得借给他人使用 3. 易耗工具及材料在教师确认后可以以旧换新 4. 避免材料的浪费							

学习活动 3　设备安装及验收

学习目标

> 1. 查阅相关资料，学习电梯轿厢和对重设备的安装方法。
>
> 2. 能按工艺和安全操作规程要求，完成电梯轿厢和对重设备的安装。
>
> 3. 能对电梯轿厢和对重设备安装结果进行自检和验收。
>
> 建议学时：50 学时。

学习过程

一、学习电梯轿厢和对重设备安装方法

通过查阅相关资料，回答下列问题，学习电梯轿厢和对重设备的安装方法。

1. 轿厢安装技术要求如下：

（1）在轿顶的任何位置上应都能支撑住两个人的质量，应按照_____×_____面积上有 1 000 N 作用力时，轿顶无永久_____来考虑。轿顶需能承受两个人同时站在上面工作，其构造必须达到在任何位置都能承受_____N 的垂直力而无永久变形的要求。

（2）轿顶应具有一块至少为_____m² 的站人用的净面积，其短边至少为_____m。

（3）安装、调整开门机构和传动机构时，使门在启闭过程中既有合理的速度变化，又能在起止端不发生冲击，并符合厂家的有关设计要求。若厂家无明确规定，则按使门传动灵活、功能可靠、开关门效率高的原则进行调整。一般开关门的平均速度为_____m/s，关门时限为_____s，开门时限为_____s。

（4）设置轿顶护栏是为了防止_____和工作人员在轿顶、底坑作业时，下降的对重意外伤到工作人员。轿顶护栏固定在轿厢架的上梁上，由角钢组成，各连接螺栓要加弹簧垫圈紧固，以防_____。

（5）平层感应器和开门感应器要根据感应铁的位置定位调整，要求横平竖直，各侧面应在同一垂直平面上，其垂直偏差应不大于_____。

2．在井道上部安装轿厢的前提条件是什么？

3．如图3-3-1所示，轿厢架在安装过程中对悬挂点有什么要求？

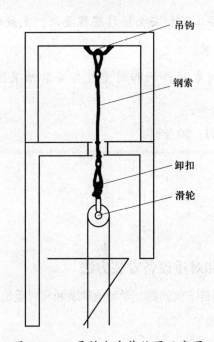

吊钩

钢索

卸扣

滑轮

图3-3-1　悬挂点安装位置示意图

4．在吊装轿厢架之前，应对哪些零部件进行组装？

5．简述轿厢架的安装顺序。

6．图 3-3-2 所示为安全钳安装示意图，安装安全钳楔块时，楔块与导轨侧工作面的距离 C 应调整到_____mm（安装说明书有规定的，按规定执行），且 4 个楔块与导轨侧工作面间隙应一致，楔块突出导轨面间隙 A 应调整到_____mm，然后用_____塞于导轨侧面与楔块之间使其固定，同时把安全钳钳口和导轨端面用木楔塞紧。

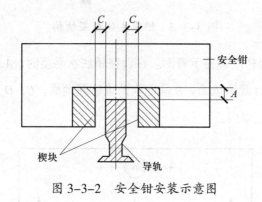

图 3-3-2 安全钳安装示意图

7．图 3-3-3 所示为轿厢主体框架结构，轿厢架的垂直偏差值和水平偏差值各是多少？应如何测量？

图 3-3-3   轿厢主体框架结构

8．图 3-3-4 所示为轿底调整示意图。在调整轿底水平度时，A、B、C、D 4 个位置分别为：A、B 为 X 方向，A 是地坎面，B 是地坎面或轿厢地面，C、D 为 Y 方向的轿厢地面，其水平度在_____以内。

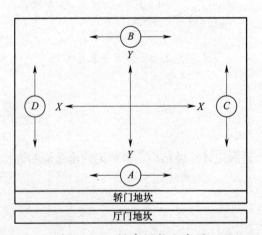

图 3-3-4   轿底调整示意图

9．图 3-3-5 所示为轿厢架结构侧视图，该图中哪些部件需要先进行安装？哪些部件需要在轿厢主体安装完毕后再进行安装？

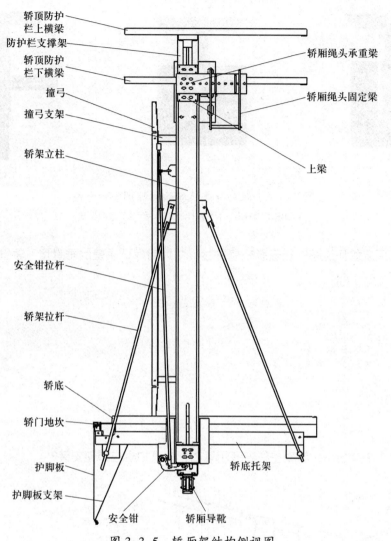

轿顶防护
栏上横梁
防护栏支撑架
轿顶防护
栏下横梁
撞弓
撞弓支架
轿架立柱
安全钳拉杆
轿架拉杆
轿底
轿门地坎
护脚板
护脚板支架
安全钳
轿厢绳头承重梁
轿厢绳头固定梁
上梁
轿底托架
轿厢导靴

图 3-3-5 轿厢架结构侧视图

10．图 3-3-6 所示为靴衬与导轨端面间隙调整示意图。轿厢导靴的靴衬侧面与导轨间隙为＿＿＿mm。固定滑动导靴的靴衬与导轨顶面间隙为＿＿＿mm。弹性滑动导靴的靴衬与导轨顶面无间隙，导靴弹簧的调节范围不超过＿＿＿mm。以固定滑动导靴作为对重导靴时，靴衬与导轨顶面间隙不大于＿＿＿mm。滚动导靴的滚轮与导轨面间隙为＿＿＿mm。

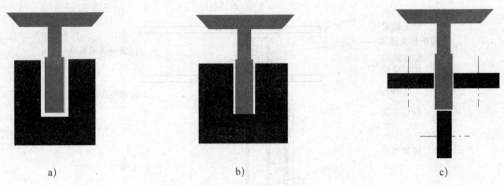

图 3-3-6　靴衬与导轨端面间隙调整示意图

a）固定滑动导靴　b）弹性滑动导靴　c）滚动导靴

11．轿顶应如何组装？在安装轿壁的过程中如何保证轿壁的垂直度？轿壁的垂直偏差应不大于多少？

12．图 3-3-7 所示为轿顶护栏安装示意图，轿顶护栏应如何安装？

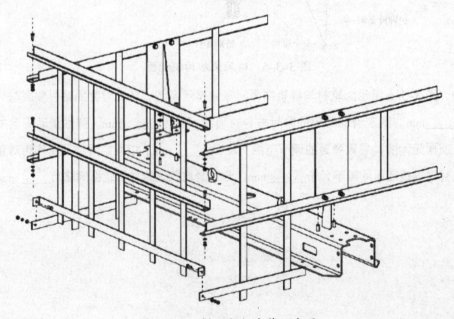

图 3-3-7　轿顶护栏安装示意图

13．安装电梯撞弓时，其垂直偏差应不大于_____，最大垂直偏差应不大于_____（碰铁的斜面除外）。

14．图 3-3-8 所示为安全钳连杆弹簧调整示意图，安全钳动作连杆一般安装在上梁之上，安全钳联动机构上的复位弹簧的长度 A 为多少？

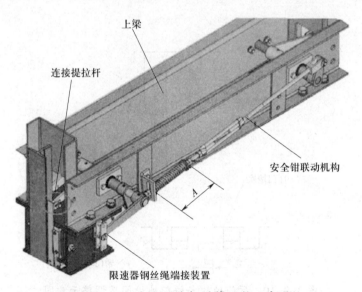

图 3-3-8　安全钳连杆弹簧调整示意图

15．图 3-3-9 所示为轿底水平调整侧视图，调整轿底水平度时，可以在减振橡胶块底部或上部添加垫片吗？为什么？可以利用斜拉杆的拉力调整轿底水平吗？为什么？

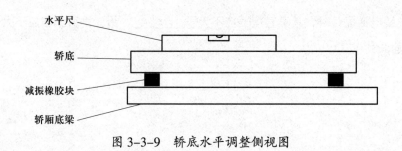

图 3-3-9　轿底水平调整侧视图

16．图 3-3-10 所示为厅门地坎与轿门地坎间隙调整示意图，轿门地坎和厅门地坎之间间隙 A 应为_____mm，轿门上坎_____与轿门地坎槽_____应保持垂直。

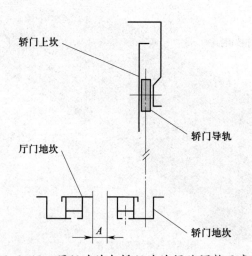

图 3-3-10　厅门地坎与轿门地坎间隙调整示意图

17．图 3-3-11 所示为轿门门扇调整示意图，图中 A、B、C、D 四个尺寸范围各为多少？其中测量尺寸 A 时应使用什么量具？测量其他尺寸时应使用什么量具？

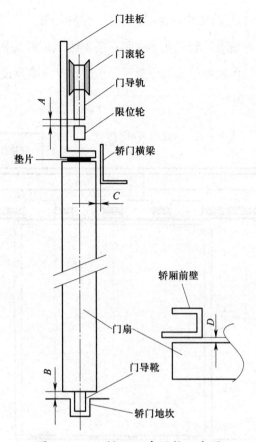

门挂板

门滚轮

门导轨

限位轮

轿门横梁

垫片

轿厢前壁

门扇

门导靴

轿门地坎

图 3-3-11　轿门门扇调整示意图

18．图 3-3-12 所示为轿门门扇下沿测量示意图，在测量轿门地坎和轿门下沿间距时，在 A、B、C、D、E 中哪两个位置测量的结果最准确？为什么？

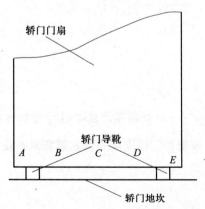

轿门门扇

轿门导靴

轿门地坎

图 3-3-12　轿门门扇下沿测量示意图

19．图 3-3-13 所示为轿门结构示意图，轿门上坎中心线、轿门门扇闭合位置以及轿门地坎中心线应在同一条垂线上。若三者不在同一条垂线上，那么允许的偏差值是多少？调整轿门上坎中心线和轿门地坎中心线的位置时，应使用什么量具测量？轿门上下门扇闭合橡胶间隙应在什么范围之内？

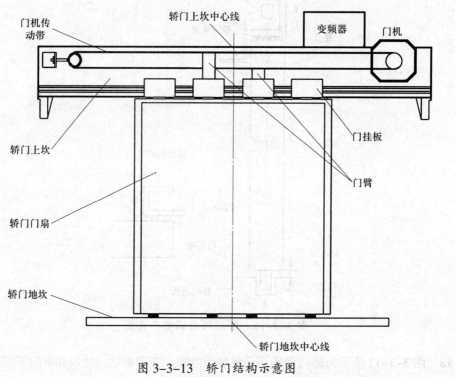

图 3-3-13　轿门结构示意图

20．图 3-3-14 所示为轿门上坎侧视图，其中斜拉臂的作用是什么？通过调整螺栓可以调整哪些参数？对门机安装臂和门机支架有何安装要求？安装轿门上坎时有哪些尺寸要求？

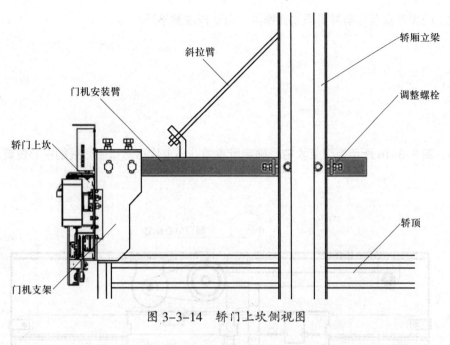

图 3-3-14　轿门上坎侧视图

21．图 3-3-15 所示为门扇高度调整示意图，图中 M8×30 的含义是什么？安装门扇时，为什么要先垫高门扇，再插入垫片，之后拧紧螺栓？门扇在安装完毕后，其下沿和地坎的间距是不是和垫起的高度完全一致？为什么？

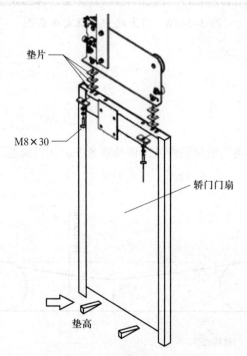

图 3-3-15　门扇高度调整示意图

22．门扇在安装之前需要码放在哪里？有哪些注意事项？

23．图 3-3-16 所示为门上坎中心确定示意图，门上坎出入口中心线的中心位置应如何调整？

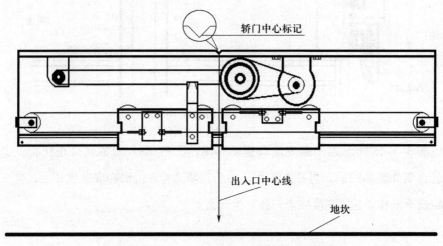

轿门中心标记

出入口中心线

地坎

图 3-3-16　门上坎中心确定示意图

24．图 3-3-17 所示为门机传动带张力调整示意图。如何调整门机传动带的张紧度？应在哪里施加测试的压力？

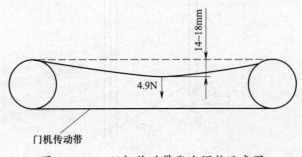

14~18mm

4.9N

门机传动带

图 3-3-17　门机传动带张力调整示意图

25．图 3-3-18 所示为对重架放置示意图，对重应安装在什么位置？需要用到哪些辅助安装设备？ *L* 值应如何获得？

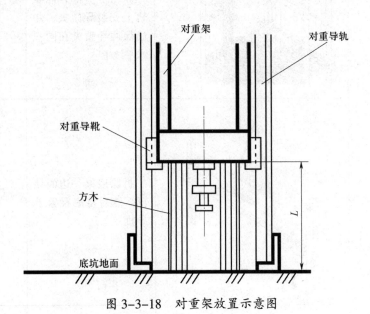

图 3-3-18 对重架放置示意图

26．安装电梯护脚板时有哪些要求？

二、安装电梯轿厢和对重设备

根据要求，按照电梯轿厢和对重平面图完成轿厢和对重设备安装。安装完成后，由指导教师检查设备安装的完整性和正确性后，方可通电测试设备功能，并将电梯轿厢和对重设备安装过程记录在表 3-3-1 中。

表 3-3-1　电梯轿厢和对重设备安装过程记录表

序号	项目	操作简图	项目内容	完成情况
1	底梁安装		在低于顶部楼层 1 800 mm 处的轿厢导轨上安装导轨夹，并确保两导轨夹在同一水平线上	□完成 □未完成
			拆除底梁一边的导靴，然后将底梁置于导轨夹之上	□完成 □未完成
			重新固定导靴，并检查安全钳位置。楔块至导轨侧工作面间隙为 3 ~ 4 mm	□完成 □未完成

序号	项目	操作简图	项目内容	完成情况
2	立梁安装		在立梁上部的螺孔内固定配合螺栓，并提升立梁到合适的位置	□完成 □未完成
		M16	松开立梁上螺栓，将立梁放到下梁上，并紧固螺栓	□完成 □未完成
			利用垫片调整立梁垂直度，确保整根立柱的垂直偏差小于 1.5 mm	□完成 □未完成

序号	项目	操作简图	项目内容	完成情况
2	立梁安装		检查两侧的安全钳是否能同时夹紧，否则调整同步连杆的长度。向上提起安全钳拉杆，并使用绳或钢丝绕到最近的导轨支架上，以保持拉杆的位置	□完成 □未完成
3	底架安装		安装减振梁到下梁上	□完成 □未完成
			检查轿底平台的水平情况，确保底架在 X 轴和 Y 轴的水平度小于 1/1 000	□完成 □未完成
			安装环形架，确保对角线测量偏差小于 1 mm	□完成 □未完成

续表

序号	项目	操作简图	项目内容	完成情况
4	斜拉杆安装		注意斜拉杆下方的螺母不要拧紧	□完成 □未完成
5	轿底安装	卸扣	使轿底运行到合适的高度，将两个提升卸扣安装到轿底上，利用卸扣提升轿底并放入轿架里	□完成 □未完成
			测量轿底两个方向的水平度，并调整至水平度小于 2/1 000	□完成 □未完成
		螺母　螺栓	锁紧轿底，注意螺栓向上	□完成 □未完成

续表

序号	项目	操作简图	项目内容	完成情况
6	撞弓安装		安装撞弓,调整其垂直偏差小于撞弓长度的1%,同时最大垂直偏差也不能超过3 mm	□完成 □未完成
7	上梁安装		调整上梁水平度至小于1/2 000	□完成 □未完成
			紧固上梁和立梁,若上梁和立梁之间有缝隙,可插入垫片	□完成 □未完成
8	轿顶拼装		拼装轿顶,并用铁丝悬挂轿顶于轿厢架最高处	□完成 □未完成

续表

序号	项目	操作简图	项目内容	完成情况
			拼装轿壁，然后将拼好后的轿壁整体固定到轿底	□完成 □未完成
9	轿壁安装		将轿壁装配好之后和轿顶连接，通过测量比较1—2点的距离和3—4点的距离，并调整至偏差小于2 mm	□完成 □未完成
			测量轿门门洞对角线尺寸，偏差应小于2 mm，测量门洞的上宽和下宽 LL，偏差应小于1.5 mm	□完成 □未完成
10	轿顶护栏安装		根据要求调整护栏位置，拧紧所有螺栓	□完成 □未完成

续表

序号	项目	操作简图	项目内容	完成情况
11	轿门地坎安装		用M8螺栓将地坎支架固定到轿厢前壁，调整其水平度小于1/1 000，然后紧固螺栓	□完成 □未完成
			将地坎放到地坎支架上，调整地坎的水平偏差为0～3 mm	□完成 □未完成
12	轿厢上坎安装		安装轿门上坎时，其中线误差应小于1 mm，轿门上坎水平度应小于1/1 000	□完成 □未完成
			调整挡轮位置，使挡轮和门导轨下沿的间隙为0.3～0.7 mm	□完成 □未完成
13	轿门门扇安装		安装门扇时，要求门扇下沿到地坎间隙为1～6 mm，门扇闭合位置和中心偏差小于2 mm，门扇平齐偏差小于0.5 mm	□完成 □未完成

续表

序号	项目	操作简图	项目内容	完成情况
14	门刀调整		安装门刀时，门刀最高点和厅门地坎之间的间隙应为（8±2）mm	□完成 □未完成
15	轿门传动带调整		调整定位螺栓，使轿门传动带张力达到要求的数值	□完成 □未完成
16	对重架拼装		在方木支架上完成对重架拼装	□完成 □未完成
			安装对重导靴，对重导靴与导轨端面的间隙应为1 mm	□完成 □未完成
17	对重块装入		装入对重块，对重块应错位码放	□完成 □未完成

三、进行电梯轿厢和对重设备安装自检

根据电梯轿厢和对重设备安装情况，以轿厢和轿门为主要检测对象进行自检（见表 3-3-2 ）。如偏差过大，应对可调整的偏差进行调整，不可调整的偏差应在"备注"栏注明。

表 3-3-2　电梯轿厢和对重设备安装自检表

序号	电梯轿厢和对重设备安装要求			安装情况	自检情况	备注
1	轿厢	固定螺栓紧固				
		轿厢相关部件安装完整				
		轿厢对角线	右前与左后的对角线			
			左前与右后的对角线			
		轿门门洞对角线	右上与左下的对角线			
			左上与右下的对角线			
		厅门地坎与轿门地坎的间隙				
		门刀与厅门地坎的间隙				
2	轿门	门机垂直度				
		门传动带受 4.9 N 垂直力变形量				
3	对重	对重压板紧固				
		对重块错位码放				
		对重导靴与对重导轨的间隙				

四、进行电梯轿厢和对重设备安装验收

以小组为单位进行电梯轿厢和对重设备安装验收工作，电梯轿厢和对重设备安装验收表（见表 3-3-3 ）只填写主控项目和一般项目的验收结果。根据测量结果在"验收结果"栏的"合格"栏或"不合格"栏画"√"。本次验收不再进行调整。验收人为项目负责人。

表 3-3-3　电梯轿厢和对重设备安装验收表

项目名称		电梯轿厢和对重设备安装		记录编号	
验收项目				验收结果	
				合格	不合格
轿厢验收	主控项目	1. 轿底平台的水平度不大于 2/1 000			
		2. 立梁的垂直偏差不大于 1.5 mm			
		3. 测量并调整轿壁的垂直度至不大于 1/1 000			
		4. 地坎水平度不大于 1/1 000，轿厢架的水平度不大于 2/1 000			
	一般项目	1. 轿架垂直偏差不大于 1.5 mm，门导轨的水平度不大于 0.5/600			
		2. 轿门门扇与门套的间隙为 4 ~ 6 mm，安全钳两侧楔块与导轨侧工作面之间的间隙保持一致，间隙为 2 ~ 4 mm			
		3. 使导轨位于安全钳底座虎口的中心			
		4. 安全钳提拉杆装置固定及运行可靠			
轿门验收	主控项目	1. 轿门地坎水平度小于 1/1 000，水平距离偏差为 0 ~ 3 mm			
		2. 门扇垂直偏差小于 1 mm			
		3. 轿门门扇下沿距离地坎（5±1）mm			
		4. 限位挡轮与轿门导轨之间的间隙为 0.3 ~ 0.7 mm			
	一般项目	1. 轿门门扇平齐偏差小于 0.5 mm			
		2. 轿门门扇与轿壁及门楣的间隙为 1 ~ 6 mm			
对重验收	主控项目	1. 对重架安装牢固			
		2. 对重压板安装牢固			
	一般项目	对重架水平度不大于 2/1 000			
验收人			日期		

学习活动 4　工作总结与评价

学习目标

> 1. 能按分组情况，派代表展示工作成果，说明本次任务的完成情况，并进行分析总结。
>
> 2. 能结合任务完成情况，正确规范地撰写工作总结。
>
> 3. 能对本次任务中出现的问题提出改进措施。
>
> 4. 能对学习与工作进行反思总结，并能与他人开展良好合作，进行有效沟通。
>
> 建议学时：2学时。

学习过程

一、个人、小组评价

以小组为单位，选择演示文稿、展板、海报、视频等形式中的一种或几种，向全班展示、汇报安装成果。在展示的过程中，以小组为单位进行评价；评价完成后，根据其他小组成员对本组展示成果的评价意见进行归纳总结。

汇报思路设计：

其他小组成员的评价意见：

二、教师评价

认真听取教师对本小组展示成果优缺点以及在完成任务过程中出现的亮点和不足的评价意见，并做好记录。

1．教师对本小组展示成果优点的点评。

2．教师对本小组展示成果缺点及改进方法的点评。

3．教师对本小组在整个任务完成过程中出现的亮点和不足的点评。

三、工作过程回顾及总结

1．在团队学习过程中，项目负责人给你分配了哪些工作任务？你是如何完成的？还有哪些需要改进的地方？

2．总结完成电梯轿厢和对重设备的安装任务过程中遇到的问题和困难，列举 2 ~ 3 点你认为比较值得和其他同学分享的工作经验。

3．回顾本学习任务的工作过程，对新学专业知识和技能进行归纳和整理，撰写工作总结。

评价与分析

按照客观、公正和公平原则，在教师的指导下按自我评价、小组评价和教师评价三种方式对自己或他人在本学习任务中的表现进行综合评价。综合等级按 A（90～100）、B（75～89）、C（60～74）、D（0～59）四个级别填写在表 3-4-1 中。

表 3-4-1　学习任务综合评价表

考核项目	评价内容	配分/分	评价分数		
			自我评价	小组评价	教师评价
职业素养	安全防护用品穿戴完备，仪容仪表符合工作要求	5			
	安全意识、责任意识强	6			
	积极参加教学活动，按时完成各项学习任务	6			
	团队合作意识强，善于与人交流和沟通	6			
	自觉遵守劳动纪律，尊敬师长，团结同学	6			
	爱护公物，节约材料，管理现场符合"6S"标准	6			
专业能力	专业知识扎实，有较强的自学能力	10			
	操作认真，训练刻苦，具有一定的动手能力	15			
	技能操作规范，遵循安装工艺，工作效率高	10			
工作成果	电梯轿厢和对重设备安装符合工艺规范，安装质量高	20			
	工作总结符合要求	10			
总分		100			
总评	自我评价 ×20%+ 小组评价 ×20%+ 教师评价 ×60%=	综合等级	教师（签名）：		

学习任务四　电梯井道设备安装

学习目标

1. 能通过阅读电梯井道设备安装任务单，明确工作任务。
2. 能查阅相关资料，学习电梯井道设备基本知识。
3. 能根据任务要求勘察施工现场，绘制实际井道平面图。
4. 能明确电梯井道设备安装流程。
5. 能根据电梯井道设备安装流程，制订工作计划。
6. 能根据施工需要，领取相关工具和材料。
7. 能查阅相关资料，学习电梯井道设备的安装方法。
8. 能按工艺和安全操作规程要求，完成电梯井道设备的安装。
9. 能对电梯井道设备安装结果进行自检和验收。
10. 能对电梯井道设备安装过程进行总结与评价。

建议学时

50 学时。

工作情境描述

学院某办公楼需安装一部知名品牌四层四站电梯，电梯样板架已安装，放样线工作已经完成。受学院委托，电梯工程技术专业学生承接电梯井道设备安装工作任务，参照国家标准《电梯制造与安装安全规范　第 1 部分：乘客电梯和载货电梯》(GB/T 7588.1—2020)中"5.2.5 井道""5.7 导轨""5.8 缓冲器""5.12.2 极限开关"、《电梯安装验收规范》(GB/T 10060—2011)中"5.2 井道"和《电梯工程施工质量验收规范》(GB 50310—2002)

中"4.4 导轨""4.8 安全部件"及企业相关文件，根据任务要求，在 5 个工作日内完成电梯井道设备的安装，完成后交付验收。

工作流程与活动

学习活动 1　明确工作任务（8 学时）

学习活动 2　制订工作计划（12 学时）

学习活动 3　设备安装及验收（28 学时）

学习活动 4　工作总结与评价（2 学时）

学习活动 1 明确工作任务

 学习目标

1. 能通过阅读电梯井道设备安装任务单，明确工作任务。
2. 能查阅相关资料，学习电梯井道设备基本知识。

建议学时：8 学时。

 学习过程

一、接受任务单，明确工作任务

电梯安装作业人员从项目组组长处领取电梯井道设备安装任务单（见表 4-1-1），明确安装项目、时间、地点等内容。

表 4-1-1 电梯井道设备安装任务单

建设单位	××××电梯安装公司		联系人		电话	
工程地址	1 号办公楼		施工电梯数量	1 部	品牌型号	KONE 3000
工程类型	☑安装 □调试 □维修 □改造				告知书编号	津××0201304××
项目名称	电梯井道设备安装					
施工工期	___天，从___年___月___日至___年___月___日					
施工电梯主要技术参数						
电梯提升高度	10 m	层站数	4	底坑深度	1.5 m	曳引机型号	MX18
曳引比	☑1:1 □2:1	导向轮	☑有 □无	缓冲器形式	耗能型	对重位置	后置

续表

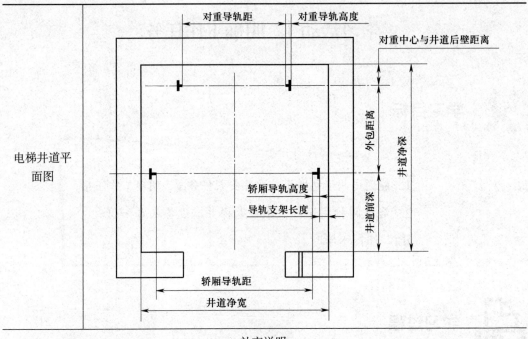

电梯井道平面图

补充说明

1. 脚手架已安装
2. 井道平面尺寸为 2 550 mm（宽）×2 150 mm（深）
3. 底坑地面已施工完毕

施工现场负责人		签发人		日期	年　月　日

通过阅读安装任务单，回答以下问题：

1. 本次任务的安装地点在哪里？安装条件是什么？

2. 井道设备的安装应包含哪些内容？

3. 该任务需要在电梯的哪些部位进行？

4. 该任务可能需要哪些理论资料？

二、井道设备的认知

根据电梯原理相关资料，学习电梯导向系统、缓冲器及井道张紧装置相关知识。

1．导向系统认知

因安装环境及电梯载重量的不同，导向系统具有不同结构。查阅电梯相关资料，将表 4-1-2 所示导向系统认知表补充完整。

表 4-1-2　导向系统认知表

导轨支架		
分类方式	导轨支架图示	导轨支架的类型和适用场合
按用途不同来分		导轨支架的类型有＿＿＿＿＿＿ ＿＿＿＿＿＿＿＿＿＿＿＿ 适用场合有＿＿＿＿＿＿＿＿ ＿＿＿＿＿＿＿＿＿＿＿＿
按结构不同来分		导轨支架的类型有＿＿＿＿＿＿ ＿＿＿＿＿＿＿＿＿＿＿＿ 适用场合有＿＿＿＿＿＿＿＿ ＿＿＿＿＿＿＿＿＿＿＿＿

分类方式	导轨支架图示	导轨支架的类型和适用场合
按支架形状不同来分	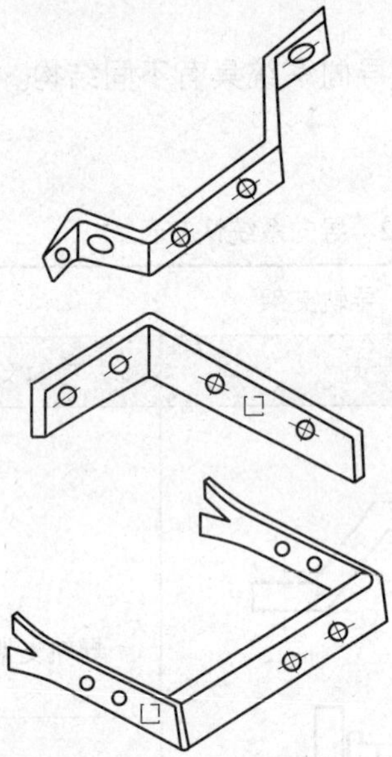	导轨支架的类型有＿＿＿＿＿ ＿＿＿＿＿＿＿＿＿＿＿＿ ＿＿＿＿＿＿＿＿＿＿＿＿ 适用场合有＿＿＿＿＿＿＿ ＿＿＿＿＿＿＿＿＿＿＿＿ ＿＿＿＿＿＿＿＿＿＿＿＿

导轨

导轨图示	导轨的类型和适用场合
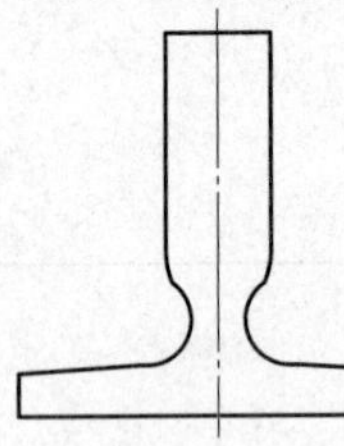	导轨的类型为＿＿＿＿＿＿＿＿＿＿＿＿＿ 适用场合有＿＿＿＿＿＿＿＿＿＿＿＿＿＿
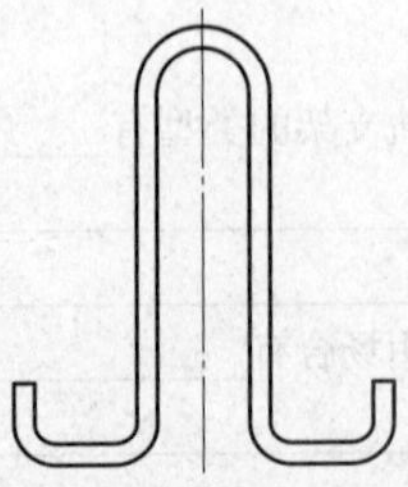	导轨的类型为＿＿＿＿＿＿＿＿＿＿＿＿＿ 适用场合有＿＿＿＿＿＿＿＿＿＿＿＿＿＿ ＿＿＿＿＿＿＿＿＿＿＿＿＿＿＿＿＿＿＿
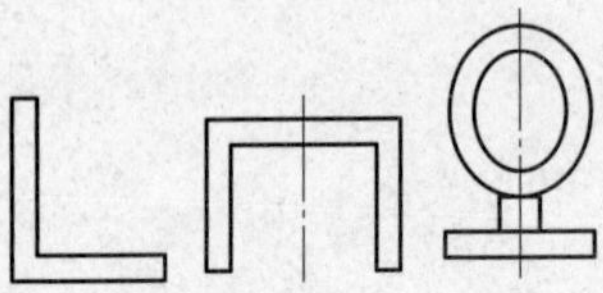	导轨的类型为＿＿＿＿＿＿＿＿＿＿＿＿＿ 适用场合有＿＿＿＿＿＿＿＿＿＿＿＿＿＿ ＿＿＿＿＿＿＿＿＿＿＿＿＿＿＿＿＿＿＿

2. 缓冲器认知

不同类型的缓冲器有不同的技术要求，使用在不同条件下的电梯中。查阅电梯相关资料，将表 4-1-3 所示缓冲器认知表补充完整。

表 4-1-3 缓冲器认知表

缓冲器图示	缓冲器的类型和适用场合
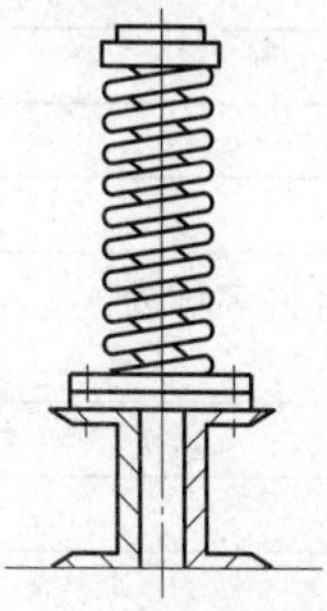	缓冲器的类型为 _____ 适用场合有 _____
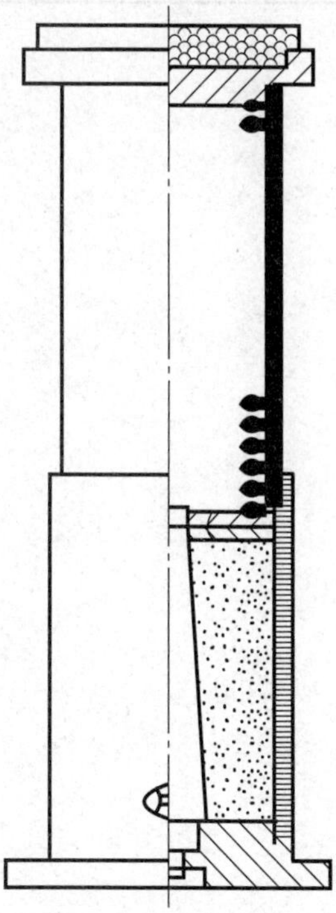	缓冲器的类型为 _____ 适用场合有 _____
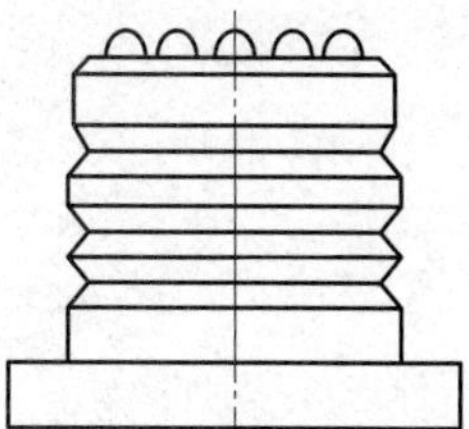	缓冲器的类型为 _____ 适用场合有 _____

3．张紧装置认知

将表 4-1-4 所示张紧装置认知表补充完整。

表 4-1-4　张紧装置认知表

张紧装置图示	作用及各部件名称
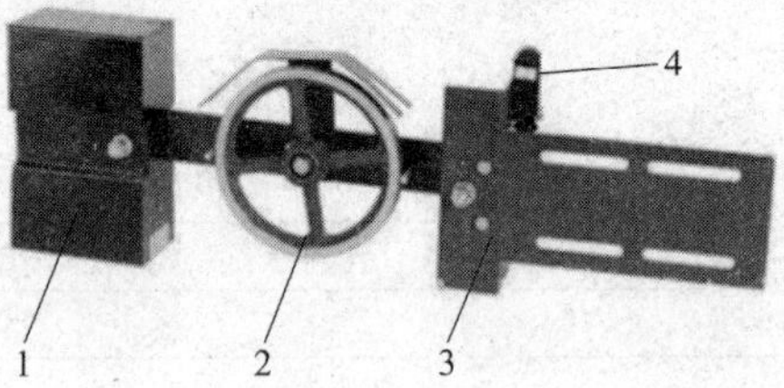	张紧装置的作用有_____ —————————————————— —————————————————— —————————————————— 张紧装置中各部件名称为： 1—————————————————— 2—————————————————— 3—————————————————— 4——————————————————

学习活动 2　制订工作计划

学习目标

1. 能根据任务要求勘察施工现场，绘制实际井道平面图。
2. 能明确电梯井道设备安装流程。
3. 能根据电梯井道设备安装流程，制订工作计划。
4. 能根据施工需要，领取相关工具和材料。

建议学时：12 学时。

学习过程

一、绘制实际井道平面图

电梯安装作业人员从项目组组长处领取电梯井道平面图并根据施工现场测绘结果，绘制实际井道平面图（见表 4-2-1）。实际井道平面图主要包括井道顶层尺寸、井道底层尺寸、井道出入口位置、轿厢中心及轿厢平面尺寸、对重中心及对重平面尺寸等。

二、明确电梯井道设备安装流程

熟悉电梯井道设备安装流程，填写表 4-2-2 所示电梯井道设备安装流程表。

三、制订工作计划

根据电梯井道设备的安装要求，制订工作计划，填写在 4-2-3 中。

制订工作计划之后，需要对计划内容、安装流程进行可行性研究，要求对实施地点、准备工作、安装流程等细节进行探讨，保证后续安装工作安全、可靠地执行。

表 4-2-1　实际井道平面图

绘制实际井道平面图	备注

表 4-2-2　电梯井道设备安装流程表

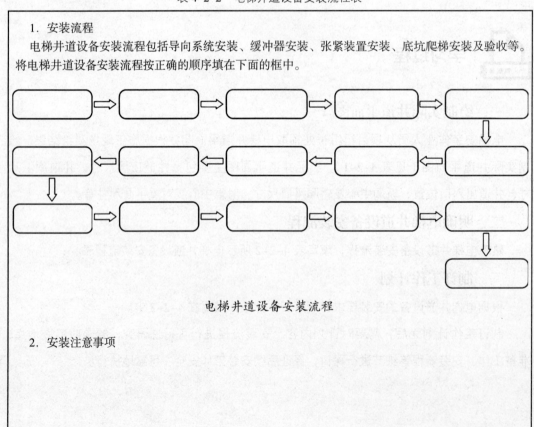

1. 安装流程

电梯井道设备安装流程包括导向系统安装、缓冲器安装、张紧装置安装、底坑爬梯安装及验收等。将电梯井道设备安装流程按正确的顺序填在下面的框中。

电梯井道设备安装流程

2. 安装注意事项

续表

表 4-2-3　电梯井道设备安装工作计划

电梯型号	
井道设备列表	
所需的工具、设备、材料	

人员分工

序号	工作内容	负责人	计划完成时间	备注

续表

序号	工作内容	负责人	计划完成时间	备注

四、领取井道设备安装工具和材料

领取相关工具和材料，对工具和材料的名称、数量、单位及规格进行核对，填写工具和材料领用表（见表4-2-4），为工具和材料领取提供凭证。在教师指导下，了解相关工具的使用方法，检查工具是否能正常使用，并准备井道设备安装所需的材料。

表4-2-4　工具和材料领用表

序号	名称	图示	单位	数量	规格	领用时间	领用人	归还时间	备注
1	钢直尺								
2	直角尺								
3	墨斗								

续表

序号	名称	图示	单位	数量	规格	领用时间	领用人	归还时间	备注
4	冲击钻								
5	钢卷尺								
6	橡胶锤								
7	锤子	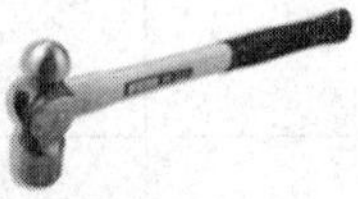							
8	膨胀螺栓								
9	钻头	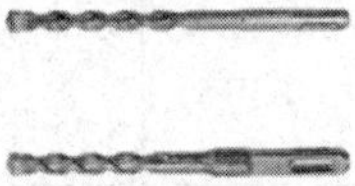							
10	导轨垫片								
11	扳手	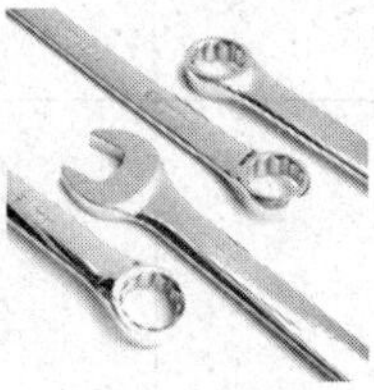							

续表

序号	名称	图示	单位	数量	规格	领用时间	领用人	归还时间	备注
12	校轨尺								
13	手砂轮								
14	板锉	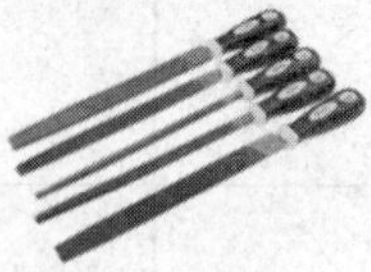							
15	手拉葫芦								
16	安全吊绳								
17	吊环								
18	空心导轨								
19	T形导轨								
20	安全护栏								
21	导轨连接板								

续表

序号	名称	图示	单位	数量	规格	领用时间	领用人	归还时间	备注
22	导轨压板	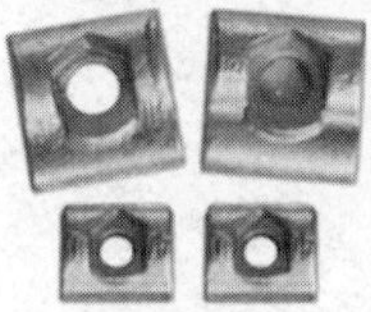							
23	导轨架								
24	空心导轨连接板	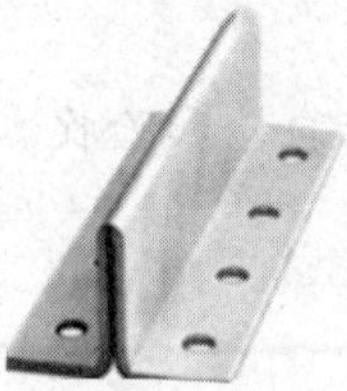							
25	爬梯	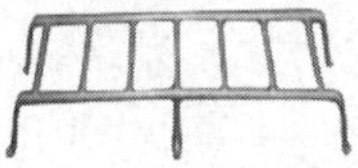							
26	缓冲器								
27	张紧装置								
注意事项		1. 领用人应保管好所领取的工具及材料，若有遗失，需照价赔偿 2. 领用的工具不得在实训以外场地使用，未经允许不得借给他人使用 3. 易耗工具及材料在教师确认后可以以旧换新 4. 避免材料的浪费							

学习活动 3   设备安装及验收

学习目标

1. 查阅相关资料，学习电梯井道设备的安装方法。

2. 能按工艺和安全操作规程要求，完成电梯井道设备的安装。

3. 能对电梯井道设备安装结果进行自检和验收。

建议学时：28 学时。

学习过程

一、学习电梯井道设备安装方法

1. 图 4-3-1 所示为导轨支架结构。导轨支架分为哪两部分？

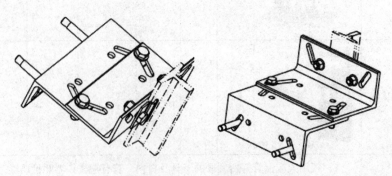

图 4-3-1   导轨支架结构

2．导轨有哪几种类型？简述导轨型号及其含义。

3．为了调整方便，部分对重后置式电梯的对重支架采用图 4-3-2 所示的螺栓紧固方法，使用这种方法有哪些注意事项？

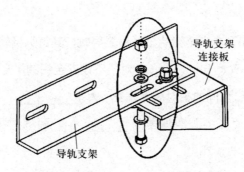

图 4-3-2　导轨支架连接示意图

4．电梯导向系统的安装技术要求

（1）每根导轨至少要有____个支架，但由于上部最高段导轨不会受到安全钳动作等强大载荷冲击，如果导轨长度小于_____，则允许用一个导轨支架进行固定，一般要求导轨支架的垂直间距不大于_____，导轨支架的间距应按电梯井道布置图中所标注导轨端面间距加上____倍的导轨高度和 2 倍的_____调整间隙来确定。

（2）焊接导轨支架与预埋铁时，接触面要严实，四周满焊，焊缝高度_____，焊缝饱满、均匀，不能有夹渣、气孔等。

（3）在导轨调整完毕后，需将组合式导轨支架连接部分_____，以防发生移位现象。

（4）若用膨胀螺栓固定的导轨支架松动，要_____或_____改变导轨支架的位置，重新用膨胀螺栓进行安装。

（5）导轨架的水平偏差为_____，导轨架端面的垂直偏差为_____。

（6）每根导轨侧工作面对安装基准线的偏差，每_____应不超过_____，相互偏差在整个高度上应不超过_____。

（7）导轨接头处允许出现的台阶不大于_____；若超过_____则应修平。其导轨接头处的修光长度为＿＿＿＿＿＿＿＿＿＿＿＿，修平、修光应采用手砂轮或油石磨。

（8）导轨工作面接头处不应有连续缝隙，且局部缝隙不大于＿＿＿＿＿＿。

（9）两根轿厢导轨接头处不应在＿＿＿＿＿＿＿＿上，以免安全钳动作，使导轨因支架强度不够而造成弯曲变形。

（10）调整导轨使用的垫片数，如果垫片厚度超过＿＿＿＿＿＿，则要把垫片点焊在导轨支架上。

（11）对于轿厢导轨和设有安全钳的 T 形对重导轨，其每列导轨工作面每＿＿＿＿铅垂线测量值间的相对最大偏差不大于＿＿＿＿＿＿；对于不设安全钳的 T 形对重导轨，其每列导轨工作面每＿＿＿＿铅垂线测量值间的相对最大偏差不大于＿＿＿＿＿＿。

（12）两列轿厢导轨顶面的距离偏差为＿＿＿＿＿＿＿＿，两列对重导轨顶面的距离偏差为＿＿＿＿＿＿＿＿。

5．导轨支架的固定方法

导轨支架类型不同，安装位置不同，有不同的安装方法。查阅电梯导轨支架相关资料，将表 4-3-1 所示导轨支架的固定方法补充完整。

表 4-3-1　导轨支架的固定方法

导轨支架示意图	固定方法和适用范围
	导轨支架固定方法为＿＿＿＿＿＿＿＿＿＿ 适用范围为＿＿＿＿＿＿＿＿＿＿＿＿ ＿＿＿＿＿＿＿＿＿＿＿＿＿＿＿＿＿
	导轨支架固定方法为＿＿＿＿＿＿＿＿＿＿ 适用范围为＿＿＿＿＿＿＿＿＿＿＿＿

续表

导轨支架示意图	固定方法和适用范围
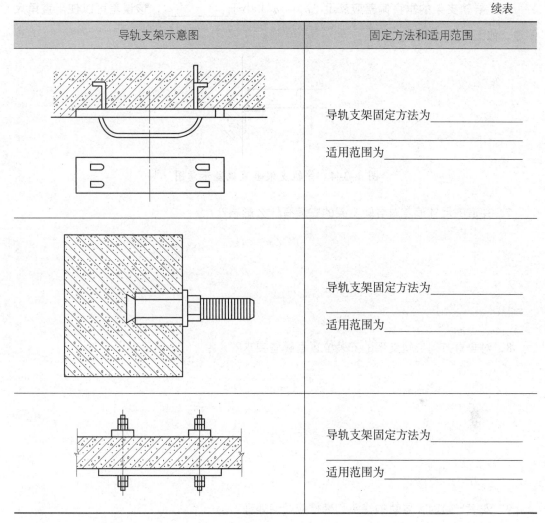	导轨支架固定方法为＿＿＿＿＿＿＿＿＿ ＿＿＿＿＿＿＿＿＿＿＿＿＿＿＿＿＿ 适用范围为＿＿＿＿＿＿＿＿＿＿＿＿
	导轨支架固定方法为＿＿＿＿＿＿＿＿＿ ＿＿＿＿＿＿＿＿＿＿＿＿＿＿＿＿＿ 适用范围为＿＿＿＿＿＿＿＿＿＿＿＿
	导轨支架固定方法为＿＿＿＿＿＿＿＿＿ ＿＿＿＿＿＿＿＿＿＿＿＿＿＿＿＿＿ 适用范围为＿＿＿＿＿＿＿＿＿＿＿＿

6．组合式导轨支架的工艺要求

（1）导轨支架水平偏差 X 应小于＿＿＿＿＿＿＿＿，其中，H 为支架的长度，该偏差可用 600 mm 水平尺测量，如图 4-3-3 所示。

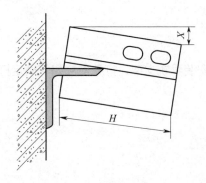

图 4-3-3　导轨支架水平偏差示意图

（2）导轨支架的垂直偏差应满足 $|a_1 - a_2|$ 小于＿＿＿＿＿＿，该误差可以使用直角尺测量，如图 4-3-4 所示。

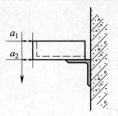

图 4-3-4　导轨支架垂直偏差示意图

7．井道的尺寸偏差对导轨支架的安装有什么影响？

8．对垂直方向导轨支架的安装位置有哪些要求？

9．安装导轨时，导轨的榫头和榫槽应如何处理？

10．如果采用膨胀螺栓安装导轨支架，打孔前应如何确定打孔的位置？

11．用膨胀螺栓固定导轨支架时，一般采用多大公称直径的膨胀螺栓？打孔完毕后，应如何处理钻孔？

12．如图 4-3-5 所示，导轨压板的作用是什么？

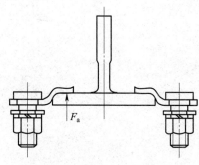

图 4-3-5 导轨压板作用示意图

13．导轨在安装前需要进行哪些方面的检测？

14．安装第一段导轨时是榫头向上还是榫槽向上？

15．图 4-3-6 所示为导轨支架位置定位示意图。采用膨胀螺栓法固定导轨支架时，横向墨线和纵向墨线的作用是什么？

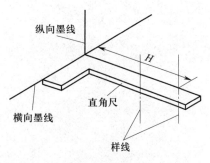

图 4-3-6 导轨支架位置定位示意图

16．图 4-3-7 所示为对重导轨支架长度计算示意图，对重后置式电梯对重导轨支架的长度应根据什么参数计算？

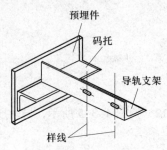

图 4-3-7　对重导轨支架长度计算示意图

17．简述 T 形轿厢导轨和空心对重导轨连接的方法。

18．如果导轨安装到最上端时，不再需要一整根导轨，应如何处理？导轨安装完成后，与井道顶板的距离是多少？

19．如图 4-3-8 所示，在安装导轨时，为何在最下方一根导轨的下面垫上厚度为 150 mm 的木砖？

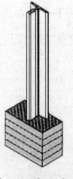

图 4-3-8　第一根导轨安装底部示意图

20．导轨在安装前要码放在什么地点？应如何码放？

21．简述卸荷校轨的方法。

22．图4-3-9所示为缓冲器底座安装示意图，安装缓冲器底座时有哪些要求？

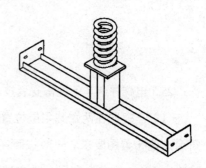

图4-3-9　缓冲器底座安装示意图

23．图4-3-10所示为爬梯安装示意图，安装底坑爬梯时有哪些尺寸要求？

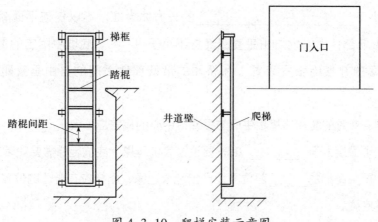

图4-3-10　爬梯安装示意图

24．简述校轨尺的使用方法。

25．电梯井道其他设备安装技术要求

（1）当轿厢在两端站平层位置时，轿厢、对重的缓冲器撞板与缓冲器顶面间的距离应符合土建布置图要求。一般按照耗能型缓冲器应为_____、蓄能型缓冲器应为_____来安装，但要满足在电梯冲顶、蹲底时轿厢和对重不能超出导轨的要求。

（2）当轿厢完全压在缓冲器上时，底坑中应留有足够的空间，该空间的大小以能放进一个不小于_____的长方体为准，可以任何平面朝下放置。底坑底和轿厢最低部件之间的自由垂直距离应不小于_____。底坑中固定的最高部件（如位于最高位置的补偿绳张紧装置）和轿厢的最低部件之间的自由垂直距离应不小于_____。

（3）轿厢、对重的缓冲器撞板中心与缓冲器中心的偏差应不大于_____。

（4）当底坑深度大于_____时，要设置底坑爬梯。底坑爬梯需要安装在_____的位置，要求爬梯的_____部位不能凸出地坎边缘，爬梯应在合适的位置设置_____，以方便上、下底坑。

（5）隔障应从对重完全压缩缓冲器位置时或平衡重位于最低位置时的最低点起延伸到底坑地面以上最小____m处。从底坑地面到隔障的最低部分不应大于____m。隔障宽度应至少_____对重（或平衡重）宽度。在具有多部电梯的井道中，不同电梯的运动部件之间应设置隔障。如果任一电梯的护栏内边缘与相邻电梯运动部件（轿厢、对重或平衡重）之间的水平距离小于____m，则这种隔障应贯穿整个井道。

（6）对重防护网使用_____直接安装在_____上。安装好防护网后，应使电梯处于检修状态并以检修速度控制电梯上、下运行，检查补偿链是否会刮碰对重护栏。

（7）轿厢超越端站楼面____mm 时，极限开关应动作。

26．缓冲器的安装位置应如何确定？

27．图 4-3-11 所示为终端保护开关动作示意图。终端保护开关的动作顺序是怎样的？终端保护开关的间隔尺寸各是多少？

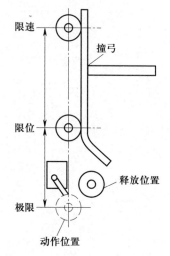

图 4-3-11　终端保护开关动作示意图

28．图 4-3-12 所示为张紧装置安装示意图，张紧装置到地面的最小距离 A 为多少？安装时张紧轮横杆的水平偏差为多少？

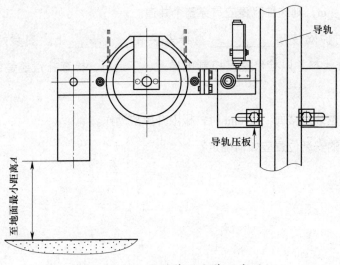

图 4-3-12　张紧装置安装示意图

29．图 4-3-13 所示为缓冲器调整示意图，耗能型缓冲器塞柱的水平度 A 和垂直度 B 各是多少？应如何调整？

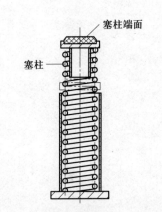

图 4-3-13　缓冲器调整示意图

二、安装电梯井道设备

按照电梯井道平面图完成电梯井道设备安装，并注意安装的要求。安装完成后，由指导教师检查设备安装的完整性和正确性后，方可通电测试设备功能，并将电梯井道设备安装过程记录在表 4-3-2 中。

表 4-3-2　电梯井道设备安装过程记录表

序号	项目	操作简图	项目内容	完成情况
1	导向系统安装		计算导轨支架位置及导轨连接板位置	□完成 □未完成
			根据导轨样线确定导轨支架打孔位置	□完成 □未完成
			打孔后埋入膨胀螺栓（M16）	□完成 □未完成

续表

序号	项目	操作简图	项目内容	完成情况
1	导向系统安装	 样线	根据样线位置安装并调整导轨支架	□完成 □未完成
		 榫槽　榫头	打磨导轨连接处（榫头和榫槽）	□完成 □未完成
			在导轨榫头处安装连接板并进行吊装	□完成 □未完成
		 40mm	安装导轨并利用校轨尺调整第一根导轨	□完成 □未完成

续表

序号	项目	操作简图	项目内容	完成情况
1	导向系统安装	水平尺	由下至上利用水平尺测量导轨的连接部位是否平直	□完成 □未完成
		垫片　垫片	若安装后的导轨不符合要求（两列导轨的侧工作面与铅垂线的偏差，每5 m偏差不超过0.7 mm），应加入垫片进行调整	□完成 □未完成
			导轨安装并调整完毕，敲掉木块	□完成 □未完成

序号	项目	操作简图	项目内容	完成情况
2	缓冲器安装	碰撞板　缓冲器中心	将碰撞板中心和缓冲器中心位置对齐（偏差小于20 mm），以确定缓冲器安装位置	□完成 □未完成
		垫片	调整缓冲器的活塞垂直偏差小于1 mm	□完成 □未完成
3	张紧装置安装	支架	用支架垫起张紧装置，使张紧装置横臂垂直于导轨	□完成 □未完成
4	爬梯安装		爬梯不能凸出于电梯运行空间内，一般安装在厅门地坎下方	□完成 □未完成

续表

序号	项目	操作简图	项目内容	完成情况
5	终端保护开关安装		终端保护开关安装位置位于井道顶部和井道底部，共6只，开关对称安装在同一侧导轨上	□完成 □未完成
6	对重隔离网安装		隔离网直接安装在对重导轨上，高度为2.5 m，与电梯运行部件的水平间距≥0.3 m	□完成 □未完成

三、进行电梯井道设备安装自检

根据电梯井道设备安装情况，以导向系统为主要检测对象进行自检（见表4-3-3）。如偏差过大，应对可调整的偏差进行调整，不可调整的偏差应在"备注"栏注明。

表 4-3-3　电梯井道设备安装自检表

序号	电梯井道设备安装要求		安装情况	自检情况	备注
1	导向系统	导轨压板紧固			
		导轨上所有螺母在导轨背面			
		导轨连接板和导轨支架间距大于30 mm			
		导轨之间间距大于2 500 mm			

续表

序号	电梯井道设备安装要求		安装情况	自检情况	备注
1	导向系统	导轨接头处台阶高度小于 0.05 mm			
		导轨接头处局部缝隙口小于 0.5 mm			
2	缓冲器	固定螺母紧固			
		液压缓冲器油位符合要求			
3	张紧装置	固定螺母紧固			
4	隔离网	固定螺母紧固			
5	终端保护开关	固定螺母紧固			

四、进行电梯井道设备安装验收

以小组为单位进行电梯井道设备安装验收工作。电梯井道设备安装验收表（见表 4-3-4）只填写主控项目和一般项目的验收结果。根据测量结果在"验收结果"栏的"合格"栏或"不合格"栏画"√"。本次验收不再进行调整。验收人为项目负责人。

表 4-3-4　电梯井道设备安装验收表

项目名称		电梯井道设备安装		记录编号	
验收内容一		导轨安装			
验收项目				验收结果	
				合格	不合格
主控项目	1. 两列导轨顶面间的距离偏差	对于轿厢导轨，距离偏差为 0 ~ 2 mm			
		对于对重导轨，距离偏差为 0 ~ 3 mm			
	2. 两列导轨同一侧工作面应在同一平面内	轿厢导轨的侧工作面偏差小于 1 mm			
		对重导轨的侧工作面偏差小于 1.5 mm			
	3. 每列导轨工作面与安装基准线每 5 mm 偏差小于 0.7 mm				

续表

		合格	不合格
一般项目	1. 轿厢导轨修光长度不小于 300 mm		
	2. 一处垫片大于 5 mm 或垫片超过 5 件时应焊接		
	3. 导轨清洁		

验收内容二	井道其他设备安装		

验收项目		验收结果	
		合格	不合格
液压缓冲器柱塞垂直偏差	轿厢的垂直偏差 ≤ 0.5 mm		
	对重的垂直偏差 ≤ 0.5 mm		
缓冲距离	轿厢分别在上下两端站平层位置时，轿厢、对重底部撞板与缓冲器顶面的垂直距离应为：150 ~ 400 mm（液压缓冲器）、200 ~ 350 mm（弹簧缓冲器）		
撞板中心与缓冲器中心偏差	轿厢撞板中心与缓冲器中心偏差 ≤ 20 mm		
	对重撞板中心与缓冲器中心偏差 ≤ 20 mm		
液压缓冲器的复位时间	轿厢空载，以检修速度下行，将缓冲器全压缩，从轿厢脱离缓冲器时起，至缓冲器恢复原状，所需时间 ≤ 120 s		
底坑爬梯与井道厅门入口边缘的距离 ≤ 800 mm			
终端保护开关位置	限速：厅轿门地坎相差 250 mm		
	限位：端站过平层 50 mm		
	极限：过平层位 100 mm		
隔离护栏安装牢固			
张紧轮	1. 张紧轮底部与地面的高度保持在 300 ~ 350 mm		
	2. 张紧轮安装完毕后要求转动灵活、无异常声响，轴承内加足润滑脂		
	3. 张紧轮的支臂要水平，开关动作距离不大于 50 mm		
	4. 张紧轮和导轨端面应平行，平行偏差不超过 ±5 mm		
验收人		日期	

学习活动 4　工作总结与评价

学习目标

　　1. 能按分组情况，派代表展示工作成果，说明本次任务的完成情况，并进行分析总结。

　　2. 能结合任务完成情况，正确规范地撰写工作总结。

　　3. 能对本次任务中出现的问题提出改进措施。

　　4. 能对学习与工作进行反思总结，并能与他人开展良好合作，进行有效沟通。

　　建议学时：2 学时。

学习过程

一、个人、小组评价

　　以小组为单位，选择演示文稿、展板、海报、视频等形式中的一种或几种，向全班展示、汇报安装成果。在展示的过程中，以小组为单位进行评价；评价完成后，根据其他小组成员对本组展示成果的评价意见进行归纳总结。

　　汇报思路设计：

　　其他小组成员的评价意见：

二、教师评价

认真听取教师对本小组展示成果优缺点以及在完成任务过程中出现的亮点和不足的评价意见，并做好记录。

1．教师对本小组展示成果优点的点评。

2．教师对本小组展示成果缺点及改进方法的点评。

3．教师对本小组在整个任务完成过程中出现的亮点和不足的点评。

三、工作过程回顾及总结

1．在团队学习过程中，项目负责人给你分配了哪些工作任务？你是如何完成的？还有哪些需要改进的地方？

2．总结完成电梯井道设备的安装任务过程中遇到的问题和困难，列举 2 ~ 3 点你认为比较值得和其他同学分享的工作经验。

3．回顾本学习任务的工作过程，对新学专业知识和技能进行归纳和整理，撰写工作总结。

评价与分析

　　按照客观、公正和公平原则，在教师的指导下按自我评价、小组评价和教师评价三种方式对自己或他人在本学习任务中的表现进行综合评价。综合等级按 A（90～100）、B（75～89）、C（60～74）、D（0～59）四个级别填写在表4-4-1中。

表4-4-1　学习任务综合评价表

考核项目	评价内容	配分/分	评价分数		
			自我评价	小组评价	教师评价
职业素养	安全防护用品穿戴完备，仪容仪表符合工作要求	5			
	安全意识、责任意识强	6			
	积极参加教学活动，按时完成各项学习任务	6			
	团队合作意识强，善于与人交流和沟通	6			
	自觉遵守劳动纪律，尊敬师长，团结同学	6			
	爱护公物，节约材料，管理现场符合"6S"标准	6			
专业能力	专业知识扎实，有较强的自学能力	10			
	操作认真，训练刻苦，具有一定的动手能力	15			
	技能操作规范，遵循安装工艺，工作效率高	10			
工作成果	电梯井道设备安装符合工艺规范，安装质量高	20			
	工作总结符合要求	10			
总分		100			
总评	自我评价×20%+小组评价×20%+教师评价×60%=	综合等级	教师（签名）：		

学习任务五　电梯厅门设备安装

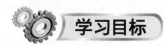

学习目标

1. 能通过阅读电梯厅门设备安装任务单，明确工作任务。
2. 能查阅相关资料，学习电梯厅门设备基本知识。
3. 能根据任务要求勘察施工现场，绘制实际井道厅门位置平面图。
4. 能明确电梯厅门设备的安装流程。
5. 能根据电梯厅门设备的安装流程，制订工作计划。
6. 能根据施工需要，领取相关工具和材料。
7. 能查阅相关资料，学习电梯厅门设备的安装方法。
8. 能按工艺和安全操作规程要求，完成电梯厅门设备的安装。
9. 能对电梯厅门设备安装结果进行自检和验收。
10. 能对电梯厅门设备安装过程进行总结与评价。

建议学时

24 学时。

工作情境描述

　　学院某办公楼需安装一部知名品牌四层四站电梯，电梯样板架已安装，放样线工作已经完成。受学院委托，电梯工程技术专业学生承接电梯厅门设备安装工作任务，参照国家标准《电梯制造与安装安全规范　第 1 部分：乘客电梯和载货电梯》（GB/T 7588.1—2020）"5.3 层门和轿门"、《电梯安装验收规范》（GB/T 10060—2011）"5.4.3 轿门""5.6 层门和层站"和《电梯工程施工质量验收规范》（GB 50310—2002）"4.5 门系统"及企业相关文件，根据任务要求，在 3 个工作日内完成厅门设备的安装，完成后交付验收。

工作流程与活动

学习活动 1　明确工作任务（4 学时）

学习活动 2　制订工作计划（6 学时）

学习活动 3　设备安装及验收（12 学时）

学习活动 4　工作总结与评价（2 学时）

学习活动1　明确工作任务

学习目标

1. 能通过阅读电梯厅门设备安装任务单，明确工作任务。
2. 能查阅相关资料，学习电梯厅门设备基本知识。

建议学时：4学时。

学习过程

一、接受任务单，明确工作任务

电梯安装作业人员从项目组组长处领取电梯厅门设备安装任务单（见表5-1-1），明确安装项目、时间、地点等内容。

表5-1-1　电梯厅门设备安装任务单

建设单位	××××电梯安装公司		联系人		电话	
工程地址	1号办公楼		施工电梯数量	1部	品牌型号	KONE 3000
工程类型	☑安装　□调试　□维修　□改造				告知书编号	津××0201304××
项目名称	电梯厅门设备安装					
施工工期	＿＿天，从＿＿年＿＿月＿＿日至＿＿年＿＿月＿＿日					
施工电梯主要技术参数						
门机构传动形式	□摆杆 □传动带 □传动链	门自闭装置	□弹簧 □重锤	联动形式	□单折扇门 □双折扇门	厅门类型

门机构传动形式	□摆杆 □传动带 □传动链	门自闭装置	□弹簧 □重锤	联动形式	□单折扇门 □双折扇门	厅门类型	□中分式 □旁开式

续表

牛腿形式	□钢结构 □混凝土	门锁 位置	□门扇中 □门扇上	防夹 装置	□光幕 □安全触板	楼层	4层
电梯井道 厅门位置 平面图	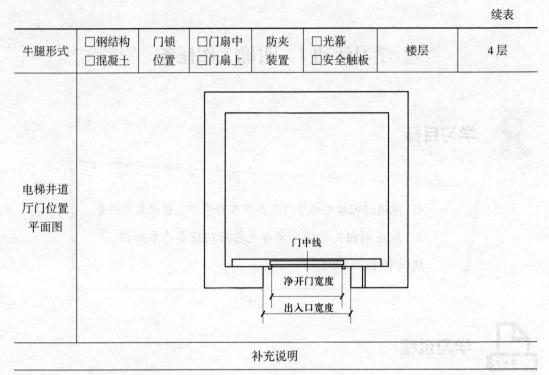						

补充说明

1. 脚手架已安装
2. 净开门宽度为 1 100 mm，门洞为 1 500 mm
3. 上坎采用预埋件方法处理
4. 电梯门立柱采用预埋连接板形式
5. 电梯井道内牛腿均为预埋钢板焊接

施工现场负责人		签发人		日期	年　月　日

通过阅读安装任务单，回答以下问题：

1．该项工作的施工地点在哪里？

2．该项工作要求多长时间完成？

3．该项工作的具体内容是什么？

4．补充说明中有哪些应注意的内容？

二、电梯厅门设备的认知

根据电梯原理相关资料，学习电梯厅门的结构及工作原理等相关知识，将表5-1-2所示电梯厅门设备认知表补充完整。

表5-1-2　电梯厅门设备认知表

图示	认知内容
电梯厅门开门形式一	该电梯厅门的开门形式为_____ _____ _____
电梯厅门开门形式二	该电梯厅门的开门形式为_____ _____ _____
电梯厅门开门形式三	该电梯厅门的开门形式为_____ _____ _____
厅门门扇机构	写出该电梯厅门门扇机构的各组成部件名称 1—_____ 2—_____ 3—_____

图示	认知内容
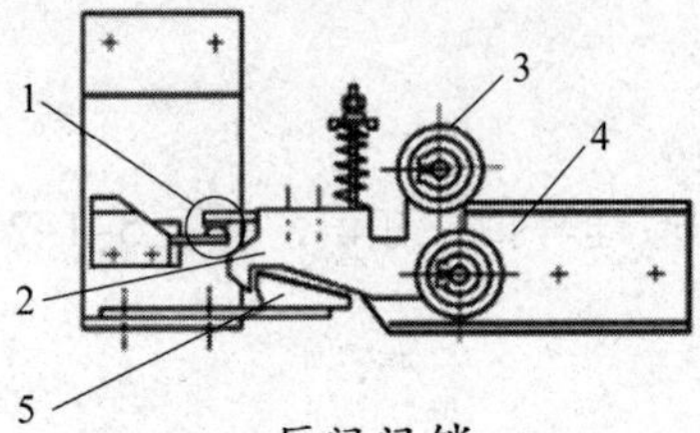 厅门门锁	写出该电梯厅门门锁的各组成部件名称 1—_____ 2—_____ 3—_____ 4—_____ 5—_____
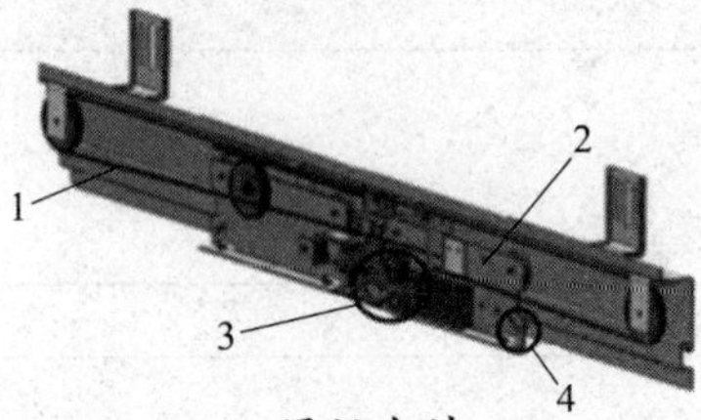 厅门上坎	写出该电梯厅门上坎的各组成部件名称 1—_____ 2—_____ 3—_____ 4—_____
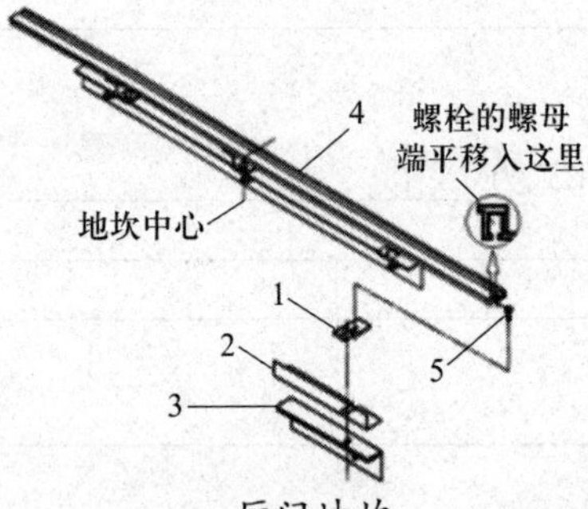 厅门地坎	写出该电梯厅门地坎的各组成部件名称 1—_____ 2—_____ 3—_____ 4—_____ 5—_____

学习活动2　制订工作计划

学习目标

　　1. 能根据任务要求勘察施工现场，绘制实际井道厅门位置平面图。

　　2. 能明确电梯厅门设备的安装流程。

　　3. 能根据电梯厅门设备的安装流程，制订工作计划。

　　4. 能根据施工需要，领取相关工具和材料。

建议学时：6学时。

学习过程

一、绘制实际厅门位置平面图

　　电梯安装作业人员从项目组组长处领取电梯井道厅门位置平面图，根据施工现场测绘结果，绘制实际井道厅门位置平面图（见表5-2-1）。实际井道厅门位置平面图主要包括井道尺寸、厅门位置、净开门尺寸、各厅门门洞宽度等。各厅门门洞宽度及位置绘制在同一平面图内。

二、明确电梯厅门设备安装流程

　　熟悉电梯厅门设备的安装流程，填写表5-2-2所示电梯厅门设备安装流程表。

三、制订工作计划

　　根据电梯厅门设备的安装要求，制订工作计划，填写在表5-2-3中。

　　制订工作计划之后，需要对计划内容、安装流程进行可行性研究，要求对实施地点、准备工作、安装流程等细节进行探讨，保证后续安装工作安全、可靠地执行。

表 5-2-1　实际井道厅门位置平面图

绘制实际井道厅门位置平面图	备注

表 5-2-2　电梯厅门设备安装流程表

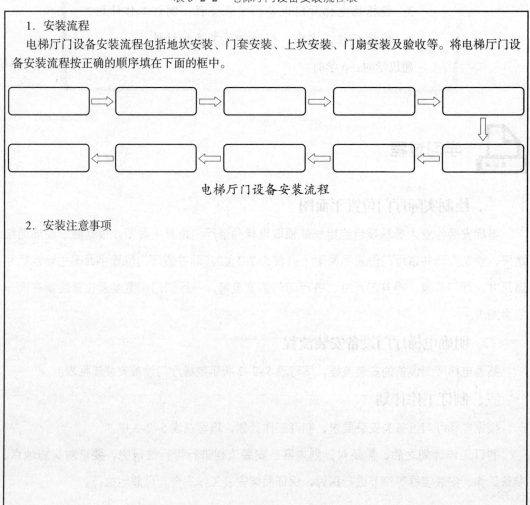

1. 安装流程

电梯厅门设备安装流程包括地坎安装、门套安装、上坎安装、门扇安装及验收等。将电梯厅门设备安装流程按正确的顺序填在下面的框中。

电梯厅门设备安装流程

2. 安装注意事项

续表

表 5-2-3　电梯厅门设备安装工作计划

电梯型号	
厅门设备列表	
所需的工具、设备、材料	

人员分工

序号	工作内容	负责人	计划完成时间	备注

四、领取厅门设备安装工具和材料

领取相关工具和材料，对工具和材料的名称、数量、单位及规格进行核对，填写工具和材料领用表（见表 5-2-4），为工具和材料领取提供凭证。在教师指导下，了解相关工具的使用方法，检查工具是否能正常使用，并准备厅门设备安装所需的材料。

表 5-2-4　工具和材料领用表

序号	名称	图示	单位	数量	规格	领用时间	领用人	归还时间	备注
1	钢直尺	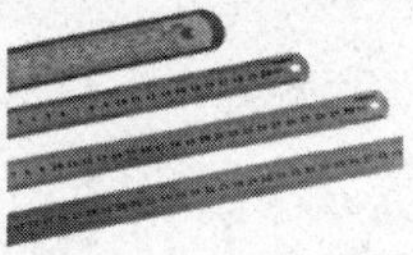							
2	直角尺								
3	水平尺								
4	卷尺								
5	锤子	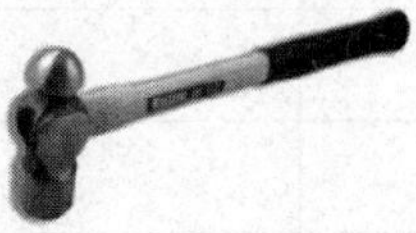							
6	旋具								
7	活扳手	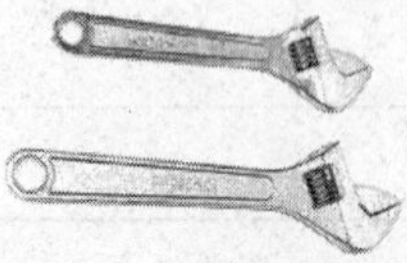							
8	呆扳手	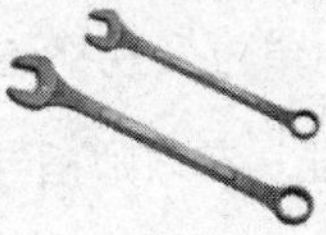							

续表

序号	名称	图示	单位	数量	规格	领用时间	领用人	归还时间	备注
9	套筒扳手	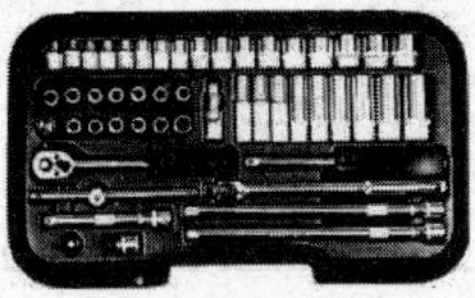							
10	螺栓和螺母								
11	垫片								
12	铅坠								
13	手电钻								
14	钻头	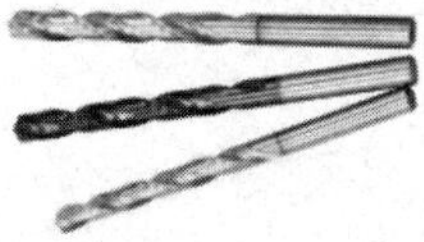							
15	水平管	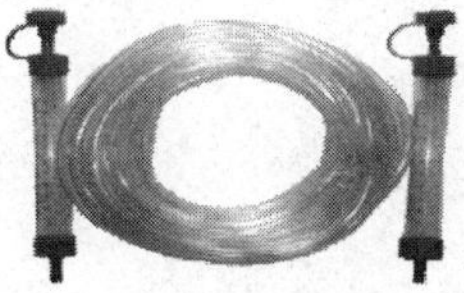							
16	墨斗								

序号	名称	图示	单位	数量	规格	领用时间	领用人	归还时间	备注
17	塞尺								
18	安全护栏								
注意事项	1. 领用人应保管好所领取的工具及材料，若有遗失，需照价赔偿 2. 领用的工具不得在实训以外场地使用，未经允许不得借给他人使用 3. 易耗工具及材料在教师确认后可以以旧换新 4. 避免材料的浪费								

学习活动 3　设备安装及验收

学习目标

1. 能查阅相关资料，学习电梯厅门设备的安装方法。

2. 能按工艺和安全操作规程要求，完成电梯厅门设备的安装。

3. 能对电梯厅门设备安装结果进行自检和验收。

建议学时：12 学时。

学习过程

一、学习电梯厅门设备安装方法

1. 电梯厅门设备安装技术要求如下：

（1）厅门关闭后，门扇与门扇、门扇与立柱、门扇与门楣、门扇与地坎之间的间隙应尽可能小。对于载货电梯，此间隙不得大于_____；对于载客电梯，此间隙不得大于_____。由于存在磨损情况，此间隙允许达到_____。

（2）在水平滑动门和折叠门的每个主动门扇的开启方向，以_____的力施加在门扇的一个最不利点上时，门扇与门扇、门扇与立柱的间隙不应大于旁开门_____，门扇与门扇、门扇与立柱的间隙不应大于中分门_____。

（3）厅门最小净高应为_____，厅门净入口宽度与轿厢净入口宽度之差在任一侧方向上均不应超过_____。

（4）每层层站地坎的水平度应不大于_____，地坎应高出装修地面_____。

（5）阻止关门力应不大于_____，并应在关门行程进行至_____后开始测量。

（6）门刀与层门地坎、门锁滚轮与轿厢地坎的间隙应为_____mm。

（7）厅门地坎至轿门地坎的水平偏差为_____mm。

2．图 5-3-1 所示为楼板装饰面示意图。楼板装饰面定位墨线和楼板装饰面墨线是如何获得的？其中楼板装饰面墨线的作用是什么？

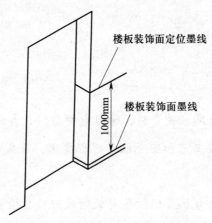

图 5-3-1　楼板装饰面示意图

3．井道内牛腿有哪些类型？井道内牛腿的安装有哪些基本要求？

4．厅门地坎相对建筑中心基线的前后、左右、上下安装偏差应在_____以内。如图 5-3-2 所示，图 5-3-2a 所示厅门地坎的左右水平偏差范围为_____；图 5-3-2b 所示厅门地坎前后水平偏差范围为_____；图 5-3-2c 所示轿厢地坎和厅门地坎的水平偏差范围为_____。图 5-3-2a、图 5-3-2b 和图 5-3-2c 的测定范围分别是_____、_____、_____。轿厢地坎和厅门地坎之间的标准间隙不能大于_____。

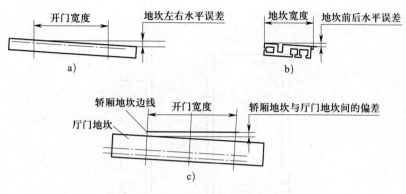

图 5-3-2　厅门地坎调整示意图

a）地坎左右水平偏差　b）地坎前后水平偏差　c）轿厢地坎与厅门地坎间的偏差

5．简述厅门门套的组成。门套一般安装到厅门什么部件上？

6．门套拼装是在井道内完成的吗？如果不是在井道内拼装的，那么门套应在何处拼装？门套拼装的注意事项有哪些？门套拼装完成后，需要检查门套的哪些尺寸精度来验证门套是否拼装良好？

7．如图 5-3-3 所示，如何利用铅垂线和门口样线测量门套立柱在 X 轴和 Z 轴方向上的垂直偏差？

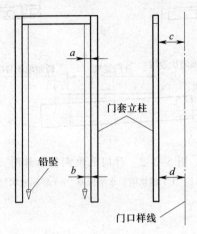

图 5-3-3　门套垂直偏差示意图

8．在安装厅门上坎时，若井道壁为混凝土结构，则应选用直径多大的膨胀螺栓进行安装？安装时有哪些注意事项？

9．厅门导轨的安装精度包括哪几项？分别为多少？

10．图 5-3-4 所示为厅门门扇安装示意图，安装门扇时有哪些尺寸应遵循国家标准规定？其尺寸精度各是多少？图中 M10×25 表示什么含义？

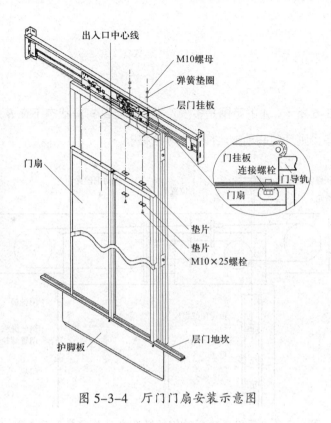

图 5-3-4　厅门门扇安装示意图

11. 图 5-3-5 中 A 的范围为多少？ A 的大小应如何调整和测量？图中限位轮和垫片的作用分别是什么？

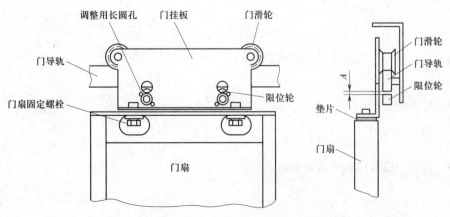

图 5-3-5　厅门导轨与限位轮调整示意图

12．如图 5-3-6 所示，A 的范围是多少？在门扇全部打开状态下在 B 点施加 10 N 的压力，此时 C 应为多少则厅门联动钢丝绳张力才合格？

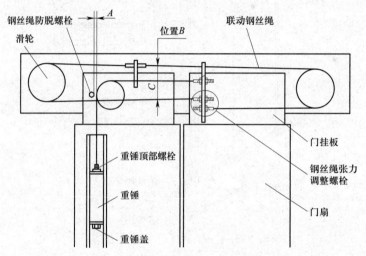

图 5-3-6　厅门上坎联动钢丝绳及自动关门装置示意图

13．安装门锁的电气锁时，电气锁主触点的位移量是多少？

14．安装电梯厅门前要测量哪些尺寸？

15．拼装门扇或门套时应如何避免划损？

16．安装厅门上坎后其水平度应如何测量和调整？

17．安装厅门门扇时有哪些尺寸应遵循国家标准规定？应如何调整？

18．安装厅门门锁时的最小啮合尺寸应如何调整？

19．安装门锁滚轮（门球）时有哪些尺寸应遵循国家标准规定？应如何调整？

20．如图 5-3-7 所示，安装门扇时是否可以先将门扇垫到相应的高度再进行门扇和门挂板的连接？如果这样做，有哪些优点？

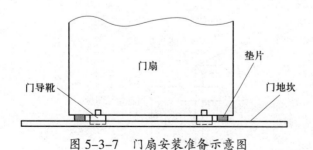

图 5-3-7　门扇安装准备示意图

21．如果门扇安装完毕后门导靴有剐蹭门地坎槽的现象，应如何调整？

22．如图 5-3-8 所示，井道内牛腿支架已经焊接且无法移动，如果要调整厅门地坎的各项水平精度，应在什么位置加入垫片？

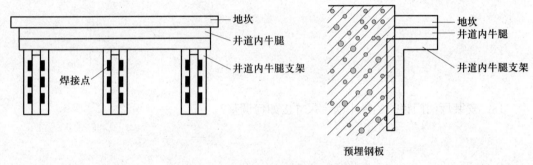

图 5-3-8　井道内牛腿调整示意图

23．如图 5-3-9 所示，以垂直基准线测量门扇垂直度时，应采用直角尺测量还是采用直尺测量？为什么？

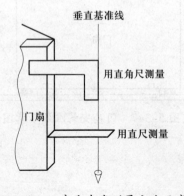

图 5-3-9　门扇垂直度测量方法示意图

24. 如图 5-3-10 所示，从俯视视角观察，使用直尺测量厅门门扇平齐偏差时，如果发现门扇平齐偏差 A 大于等于 0.5 mm，应如何调整门扇进行矫正？

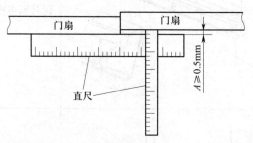

图 5-3-10　门扇平齐度测量方法示意图

二、安装电梯厅门设备

按照电梯厅门平面图完成电梯厅门设备安装，应注意安装的要求。安装完成后，由指导教师检查设备安装的完整性和正确性后，方可通电测试设备功能，并将电梯厅门设备安装过程记录在表 5-3-1 中。

表 5-3-1　电梯厅门设备安装过程记录表

序号	项目	操作简图	项目内容	完成情况
1	厅门安装条件确认	楼层电梯门洞　厅门中心样线　厅门净开门尺寸样线	测量门洞的尺寸，确定满足厅门安装条件	□完成 □未完成

序号	项目	操作简图	项目内容		完成情况
1	厅门地坎安装	井道内牛腿	安装井道内牛腿，确保其基本水平		□完成 □未完成
		地坎	安装地坎，并用垫片调整地坎	左右的水平度 ≤ 1/1 000	□完成 □未完成
				前后的水平偏差 ≤ ±0.5 mm	□完成 □未完成
		地坎　　　　a　　b　　导轨	调整厅门地坎间隙偏差至 −1～2 mm（−1 mm ≤ $|a{-}b|$ ≤ 2 mm）		□完成 □未完成
2	厅门门套安装		组装厅门门套		□完成 □未完成

序号	项目	操作简图	项目内容	完成情况
2	厅门门套安装		安装并调整厅门门套，使其垂直度≤1/1 000	□完成 □未完成
3	厅门上坎安装		安装厅门上坎	□完成 □未完成
			调整厅门导轨中心和厅门地坎中心，使两者重合	□完成 □未完成
4	厅门门扇安装		组合门扇，安装门导靴	□完成 □未完成

序号	项目	操作简图	项目内容	完成情况
4	厅门门扇安装	门上坎　垫片　门扇	将门扇和门上坎进行连接	□完成 □未完成
5	调整门锁	电气锁行程　门锁滚轮位置　啮合距离	调整门锁钩啮合尺寸为 7 mm，调整电气锁行程为（4±1）mm，调整门锁滚轮位置和轿门地坎的间隙为 5 ～ 10 mm	□完成 □未完成

三、进行电梯厅门设备安装自检

根据电梯厅门设备安装情况，以厅门门扇为主要检测对象进行自检（见表 5-3-2）。如偏差过大，应对可调整的偏差进行调整，不可调整的偏差应在"备注"栏注明。

表 5-3-2　电梯厅门设备安装自检表

序号	电梯厅门设备安装要求		安装情况	自检情况	备注
1	门扇	门扇和门挂板连接紧固			
		门扇移动顺滑、无卡阻			
		厅门闭合紧密，间隙 ≤ 1 mm			
		门扇无磕碰、无划痕			
		用三角钥匙开门，门锁开合顺滑、无卡阻			
		门扇平齐偏差 ≤ 0.5 mm			
2	厅门地坎	连接紧固、无晃动			
		地坎高于楼层装饰面			

续表

序号	电梯厅门设备安装要求		安装情况	自检情况	备注
3	门立柱	连接紧固、无晃动			
		门立柱垂直偏差 ≤ 1.5 mm			
4	门上坎	水平度 ≤ 1/1 000			
		拉动钢丝绳张力适中			

四、进行电梯厅门设备安装验收

以小组为单位进行电梯厅门设备安装验收工作。电梯厅门设备安装验收表（见表 5-3-3）只填写主控项目和一般项目的验收结果。根据测量结果在"验收结果"栏的"合格"栏或"不合格"栏画"√"。本次验收不再进行调整。验收人为项目负责人。

表 5-3-3　电梯厅门设备安装验收表

项目名称		电梯厅门设备安装			记录编号		
验收项目						验收结果	
						合格	不合格
主控项目	厅门地坎与轿厢地坎的水平偏差为 0 ~ 3 mm，且最大水平距离严禁超过 35 mm						
	厅门强迫关门装置必须动作正常						
	动力操纵的水平滑动门在关门开始的 1/3 行程之后，阻止关门的力严禁超过 150 N						
	厅门锁钩必须动作灵活，在证实锁紧的电气安全装置动作之前，锁紧元件的最小啮合长度为 7 mm						
一般项目	各层实测值						
	测量项目	一层厅门	二层厅门	三层厅门	四层厅门	标准值	
	地坎水平度					≤ 2/1 000	
	地坎高出装修地面					≥ 2 ~ 5 mm	
	轿厢地坎到厅门地坎的距离	左				30 ~ 40 mm	
		右					

续表

验收项目							验收结果	
							合格	不合格
	各层实测值							
	测量项目	一层厅门	二层厅门	三层厅门	四层厅门	标准值		
一般项目	门扇与门套的间隙	左					（5±1）mm		
		右							
	门扇与门楣的间隙	左							
		右							
	门扇与门口处轿壁的间隙	左							
		右							
	门扇下端与地坎的间隙	左							
		右							
	门扇垂直偏差	左							
		右							
	门扇闭合中心偏差	左							
		右							
	门刀与厅门地坎的间隙								
	门锁滚轮与轿厢地坎间隙								
	门挡轮和导轨下端的间隙	左1					0.3～0.7mm		
		左2							
		右1							
		右2							
验收人				日期				

学习活动 4　工作总结与评价

学习目标

　　1. 能按分组情况，派代表展示工作成果，说明本次任务的完成情况，并进行分析总结。

　　2. 能结合任务完成情况，正确规范地撰写工作总结。

　　3. 能对本次任务中出现的问题提出改进措施。

　　4. 能对学习与工作进行反思总结，并能与他人开展良好合作，进行有效沟通。

　　建议学时：2学时。

学习过程

一、个人、小组评价

　　以小组为单位，选择演示文稿、展板、海报、视频等形式中的一种或几种，向全班展示、汇报安装成果。在展示的过程中，以小组为单位进行评价；评价完成后，根据其他小组成员对本组展示成果的评价意见进行归纳总结。

　　汇报思路设计：

　　其他小组成员的评价意见：

二、教师评价

认真听取教师对本小组展示成果优缺点以及在完成任务过程中出现的亮点和不足的评价意见，并做好记录。

1．教师对本小组展示成果优点的点评。

2．教师对本小组展示成果缺点及改进方法的点评。

3．教师对本小组在整个任务完成过程中出现的亮点和不足的点评。

三、工作过程回顾及总结

1．在团队学习过程中，项目负责人给你分配了哪些工作任务？你是如何完成的？还有哪些需要改进的地方？

2．总结完成电梯厅门设备的安装任务过程中遇到的问题和困难，列举 2 ~ 3 点你认为比较值得和其他同学分享的工作经验。

3．回顾本学习任务的工作过程，对新学专业知识和技能进行归纳和整理，撰写工作总结。

评价与分析

按照客观、公正和公平原则，在教师的指导下按自我评价、小组评价和教师评价三种方式对自己或他人在本学习任务中的表现进行综合评价。综合等级按 A（90～100）、B（75～89）、C（60～74）、D（0～59）四个级别填写在表 5-4-1 中。

表 5-4-1　学习任务综合评价表

考核项目	评价内容	配分 / 分	评价分数		
			自我评价	小组评价	教师评价
职业素养	安全防护用品穿戴完备，仪容仪表符合工作要求	5			
	安全意识、责任意识强	6			
	积极参加教学活动，按时完成各项学习任务	6			
	团队合作意识强，善于与人交流和沟通	6			
	自觉遵守劳动纪律，尊敬师长，团结同学	6			
	爱护公物，节约材料，管理现场符合"6S"标准	6			
专业能力	专业知识扎实，有较强的自学能力	10			
	操作认真，训练刻苦，具有一定的动手能力	15			
	技能操作规范，遵循安装工艺，工作效率高	10			
工作成果	电梯厅门设备安装符合工艺规范，安装质量高	20			
	工作总结符合要求	10			
总分		100			
总评	自我评价 ×20%+ 小组评价 ×20%+ 教师评价 ×60%=	综合等级	教师（签名）：		

学习任务六　电梯悬挂装置安装

学习目标

1. 能通过阅读电梯悬挂装置安装任务单，明确工作任务。
2. 能查阅相关资料，学习电梯悬挂装置基本知识。
3. 能根据任务要求勘察施工现场，绘制实际机房绳孔平面图。
4. 能明确电梯悬挂装置的安装流程。
5. 能根据电梯悬挂装置的安装流程，制订工作计划。
6. 能根据施工需要，领取相关工具和材料。
7. 能查阅相关资料，学习电梯悬挂装置的安装方法。
8. 能按工艺和安全操作规程要求，完成电梯悬挂装置的安装。
9. 能对电梯悬挂装置安装结果进行自检和验收。
10. 能对电梯悬挂装置安装过程进行总结与评价。

建议学时

60 学时。

工作情境描述

　　某学院办公楼需安装一部知名品牌四层四站电梯，电梯井道脚手架已部分拆除，井道设备、机房设备、轿厢、对重都已安装完毕。受学院委托，电梯工程技术专业学生承接电梯悬挂装置安装工作任务。参照国家标准《电梯制造与安装安全规范　第 1 部分：乘客电梯和载货电梯》(GB/T 7588.1—2020) "5.5 悬挂装置、补偿装置和相关的防护装置"、《电梯安装验收规范》(GB/T 10060—2011) "5.2.7 随行电缆" "5.5 悬挂和补偿装置"和《电工程施工质量验收规范》（GB 50310—2002）"4.9 悬挂装置、随行电缆补偿装置" 及企业相关文件要求，在 7 个工作日内完成电梯悬挂装置的安装，完成后交付验收。

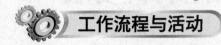

工作流程与活动

学习活动 1　明确工作任务（6 学时）

学习活动 2　制订工作计划（20 学时）

学习活动 3　设备安装及验收（32 学时）

学习活动 4　工作总结与评价（2 学时）

学习活动1 明确工作任务

学习目标

1. 能通过阅读电梯悬挂装置安装任务单，明确工作任务。
2. 能查阅相关资料，学习电梯悬挂装置基本知识。

建议学时：6学时。

学习过程

一、接受任务单，明确工作任务

电梯安装作业人员从项目组组长处领取电梯悬挂装置安装任务单（见表6-1-1），明确安装项目、时间和地点等内容。

表6-1-1 电梯悬挂装置安装任务单

建设单位	××××电梯安装公司		联系人		电话	
工程地址	1号办公楼		施工电梯数量	1部	品牌型号	KONE 3000
工程类型	☑安装 □调试 □维修 □改造				告知书编号	津××0201304××
项目名称	电梯悬挂装置安装					
施工工期	___天，从___年___月___日至___年___月___日					
施工电梯主要技术参数						
额定载重量	1 000 kg	限速器型号	DS-8WS	电梯提升高度	12 m	曳引绳根数	6
曳引比	☑1：1 □2：1	导向轮	☑有 □无	曳引机形式	盘式	对重位置	后置

续表

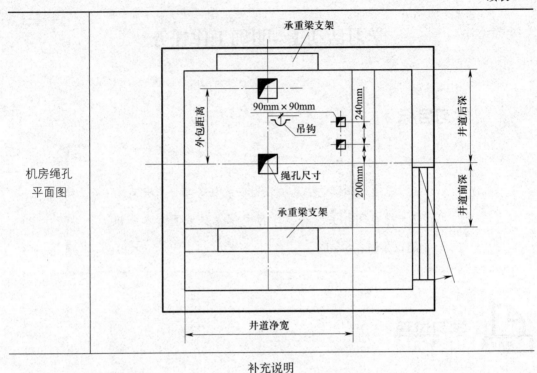

机房绳孔
平面图

补充说明

1. 机房地面已采用防滑材料
2. 机房尺寸为 3 200 mm（长）×2 800 mm（宽）×1 800 mm（高）
3. 机房绳孔已预留
4. 电梯平面结构为对重后置式
5. 曳引钢丝绳型号为 13×19S+NF
6. 电梯曳引钢丝绳安装按 1:1 绕法安装，电梯额定运行速度均为 1 m/s
7. 井道脚手架已拆除
8. 补偿形式为补偿链，其型号为 WFQS250
9. 随行电缆型号为 TVVBPG 36×0.75+2×2P×0.75
10. 限速器钢丝绳型号为 8×19S+IWRC
11. 限速器钢丝绳两绳孔均为 90 mm×90 mm 的方孔

施工现场负责人		签发人		日期	年　月　日

通过阅读安装任务单，回答以下问题：

1. 该项工作的施工地点在哪里？

2．该项工作要求多长时间完成？

3．该项工作的具体内容是什么？

4．钢丝绳外包距离的含义是什么？

5．电梯主要技术参数中和本次任务有关的参数有哪些？

6．电梯随行电缆的型号是什么？

7．电梯补偿链的型号是什么？

二、电梯悬挂装置的认知

根据电梯原理相关资料，学习电梯曳引钢丝绳、电梯随行电缆、电梯补偿装置的相关知识。

1．电梯曳引钢丝绳的认知

查阅电梯原理相关资料，学习电梯曳引钢丝绳及其绕法相关知识，将表 6-1-2 所示电梯曳引钢丝绳认知表补充完整。

表 6-1-2　电梯曳引钢丝绳认知表

电梯曳引钢丝绳认知内容	相关问题及答案
 6×19W+FC	该钢丝绳的股数为＿＿＿＿＿＿＿＿＿＿＿ 该钢丝绳每股钢丝数为＿＿＿＿＿＿＿＿＿ 该钢丝绳是否可用于电梯曳引系统? □是　□否 该钢丝绳绳芯材质为＿＿＿＿＿＿＿＿＿＿
 8×25Fi+FC	该钢丝绳的股数为＿＿＿＿＿＿＿＿＿＿＿ 该钢丝绳每股钢丝数为＿＿＿＿＿＿＿＿＿ 该钢丝绳是否可用于电梯曳引系统? □是　□否 该钢丝绳的类型为＿＿＿＿＿＿＿＿＿＿
 8×19W+IWR	该钢丝绳的股数为＿＿＿＿＿＿＿＿＿＿＿ 该钢丝绳每股钢丝数为＿＿＿＿＿＿＿＿＿ 该钢丝绳是否可用于电梯曳引系统? □是　□否 该钢丝绳的类型为＿＿＿＿＿＿＿＿＿＿
 钢丝绳捻向示意图	该钢丝绳捻法的标号为＿＿＿＿＿＿＿＿＿＿
13 NAT 8 × 19W+NF	该钢丝绳型号的含义为＿＿＿＿＿＿＿＿＿＿＿ ＿＿＿＿＿＿＿＿＿＿＿＿＿＿＿＿＿＿＿＿
双强度钢丝绳	该钢丝绳的含义为＿＿＿＿＿＿＿＿＿＿＿＿ ＿＿＿＿＿＿＿＿＿＿＿＿＿＿＿＿＿＿＿＿

续表

电梯曳引钢丝绳认知内容	相关问题及答案
电梯曳引钢丝绳	优先选用的公称直径尺寸为＿＿＿＿＿＿＿＿＿＿＿ ＿＿＿＿＿＿＿＿＿＿＿＿＿＿＿＿＿＿＿＿＿＿＿
曳引钢丝绳和普通钢丝绳	两者的区别在于＿＿＿＿＿＿＿＿＿＿＿＿＿＿＿＿ ＿＿＿＿＿＿＿＿＿＿＿＿＿＿＿＿＿＿＿＿＿＿＿
钢丝的表面状态	NAT 的含义为＿＿＿＿＿＿＿＿＿ ZAA 的含义为＿＿＿＿＿＿＿＿＿ ZAB 的含义为＿＿＿＿＿＿＿＿＿ ZBB 的含义为＿＿＿＿＿＿＿＿＿
钢丝绳结构形式	S 表示＿＿＿＿＿＿＿＿＿ W 表示＿＿＿＿＿＿＿＿＿ 字母＿＿＿＿＿＿表示瓦林吞－西鲁钢丝绳 字母＿＿＿＿＿＿表示填充钢丝绳
钢丝绳绳芯	字母＿＿＿＿＿＿表示纤维芯（天然或合成） NF 表示＿＿＿＿＿＿＿＿＿ SF 表示＿＿＿＿＿＿＿＿＿ IWR 表示＿＿＿＿＿＿＿＿＿ 字母＿＿＿＿＿＿表示金属丝股芯
钢丝绳股数和每股钢丝数	钢丝绳股数的含义为＿＿＿＿＿＿＿＿＿ 每股钢丝数的含义为＿＿＿＿＿＿＿＿＿
钢丝绳捻向	Z 表示＿＿＿＿＿＿＿＿＿ S 表示＿＿＿＿＿＿＿＿＿ ZZ 表示＿＿＿＿＿＿＿＿＿ SS 表示＿＿＿＿＿＿＿＿＿ SZ 表示＿＿＿＿＿＿＿＿＿
钢丝绳公称抗拉强度	其含义为＿＿＿＿＿＿＿＿＿＿＿＿＿＿＿＿＿＿ ＿＿＿＿＿＿＿＿＿＿＿＿＿＿＿＿＿＿＿＿＿＿＿
曳引钢丝绳采用 1∶1 半绕式上部驱动	驱动主机承受的动载荷比为＿＿＿＿＿＿＿＿ 其用途为＿＿＿＿＿＿＿＿＿
曳引钢丝绳采用 3∶1 半绕式上部驱动	驱动主机承受的动载荷比为＿＿＿＿＿＿＿＿ 其用途为＿＿＿＿＿＿＿＿＿
曳引钢丝绳采用 2∶1 全绕式下部驱动	驱动主机承受的动载荷比为＿＿＿＿＿＿＿＿ 其用途为＿＿＿＿＿＿＿＿＿

绘制 1:1 半绕式上部驱动钢丝绳悬挂示意图

绘制 2:1 全绕式上部驱动钢丝绳悬挂示意图

绘制 3:1 半绕式上部驱动钢丝绳悬挂示意图

续表

绘制 1∶1 半绕式下部驱动钢丝绳悬挂示意图

绘制 2∶1 全绕式下部驱动钢丝绳悬挂示意图

绘制 1∶1 全绕式下部驱动钢丝绳悬挂示意图

续表

绘制 2：1 半绕式上部驱动钢丝绳悬挂示意图

2．电梯随行电缆的认知

查阅电梯原理相关资料，学习电梯随行电缆相关知识，将表 6-1-3 所示电梯随行电缆认知表补充完整。

表 6-1-3　电梯随行电缆认知表

电梯随行电缆认知内容	相关问题及答案
 信号线　视频线　钢丝绳 TVVB 系列随行电缆	表示 TVVB 系列带有钢丝绳和视频线的随行电缆的字母是＿＿＿＿＿＿＿＿＿＿＿
随行电缆的型号 TVVBG40×0.7	型号含义为＿＿＿＿＿＿＿＿＿＿＿
扁平随行电缆的适用场合	适用场合为＿＿＿＿＿＿＿＿＿＿＿
随行电缆弯曲半径	弯曲半径过小可能造成的后果为＿＿＿＿＿＿＿ ＿＿＿＿＿＿＿＿＿＿＿＿＿＿＿＿＿＿＿＿
随行电缆的作用	随行电缆的作用为＿＿＿＿＿＿＿＿＿＿＿＿ ＿＿＿＿＿＿＿＿＿＿＿＿＿＿＿＿＿＿＿＿

3．电梯补偿装置的认知

查阅电梯原理相关资料，学习电梯补偿装置相关知识，将表 6-1-4 所示电梯补偿装置认知表补充完整。

表 6-1-4 电梯补偿装置认知表

电梯补偿装置认知内容	相关问题及答案
电梯补偿装置的作用	作用为_____ _____ _____
电梯补偿装置的类型	类型有_____ _____ _____
电梯需要安装补偿装置的原因	原因为_____ _____ _____
电梯需要安装补偿钢丝绳的张紧装置的原因	原因为_____ _____ _____

学习活动2　制订工作计划

学习目标

　　1. 能根据任务要求勘察施工现场，绘制实际机房绳孔平面图。

　　2. 明确电梯悬挂装置的安装流程。

　　3. 能根据电梯悬挂装置的安装流程，制订工作计划。

　　4. 能根据施工需要，领取相关工具和材料。

建议学时：20学时。

学习过程

一、绘制实际机房绳孔平面图

　　电梯安装作业人员从项目组组长处领取电梯机房绳孔平面图，根据施工现场测绘结果，绘制实际机房绳孔平面图（见表6-2-1）。实际机房绳孔平面图主要包括井道位置及尺寸、轿厢绳孔位置及尺寸、对重绳孔位置及尺寸、限速器钢丝绳绳孔位置及尺寸等。

二、明确电梯悬挂装置安装流程

　　熟悉电梯悬挂装置安装流程，填写表6-2-2所示电梯悬挂装置安装流程表。

三、制订工作计划

　　根据电梯悬挂装置的安装要求，制订工作计划，填写在6-2-3中。

　　制订工作计划之后，需要对计划内容、安装流程进行可行性研究，要求对实施地点、准备工作、安装流程等细节进行探讨，保证后续安装工作安全、可靠地执行。

表 6-2-1 实际机房绳孔平面图

绘制实际机房绳孔平面图	备注

表 6-2-2 电梯悬挂装置安装流程表

1. 安装流程

电梯悬挂装置安装流程包括曳引钢丝绳安装、随行电缆安装、补偿装置安装、限速器钢丝绳安装及验收等。将电梯悬挂装置安装流程按正确的顺序填在下面的框中。

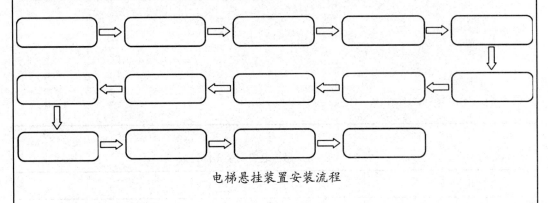

电梯悬挂装置安装流程

2. 安装注意事项

续表

表 6-2-3　电梯悬挂装置安装工作计划

电梯型号	
悬挂装置列表	
所需的工具、设备、材料	

人员分工

序号	工作内容	负责人	计划完成时间	备注

续表

序号	工作内容	负责人	计划完成时间	备注

四、领取悬挂装置安装工具和材料

领取相关工具和材料，对工具和材料的名称、数量、单位及规格进行核对，填写工具和材料领用表（见表6-2-4），为工具和材料领取提供凭证。在教师指导下，了解相关工具的使用方法，检查工具是否能正常使用，并准备悬挂装置安装所需的材料。

表6-2-4　工具和材料领用表

序号	名称	图示	单位	数量	规格	领用时间	领用人	归还时间	备注
1	钢直尺								
2	锤子								
3	活扳手								

续表

序号	名称	图示	单位	数量	规格	领用时间	领用人	归还时间	备注
4	直角尺								
5	钢卷尺								
6	手电钻								
7	合金钻头	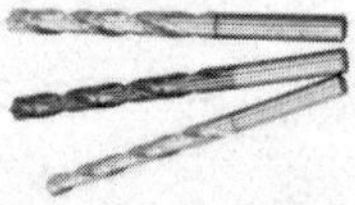							
8	套筒扳手	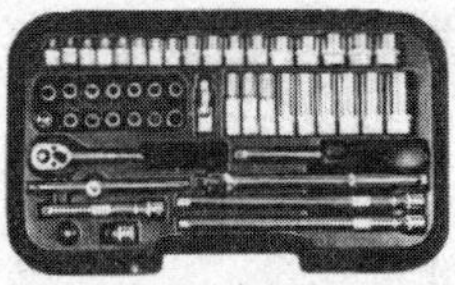							
9	呆扳手								
10	电工刀								
11	錾子	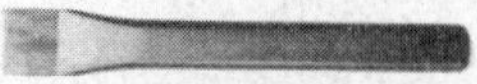							
12	手砂轮	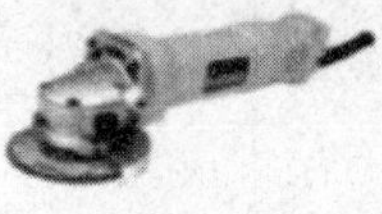							

续表

序号	名称	图示	单位	数量	规格	领用时间	领用人	归还时间	备注
13	冲击钻								
14	曳引钢丝绳								
15	钢丝绳卡头								
16	绳头组件								
17	铁丝								
18	胶布								
19	扁平电缆夹盒								
20	随行电缆								
21	补偿链	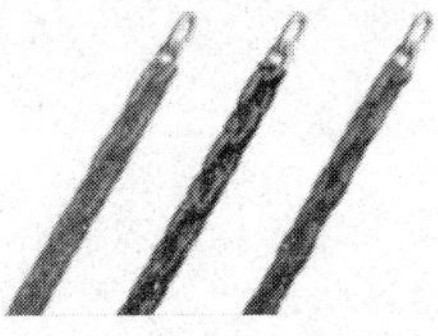							

续表

序号	名称	图示	单位	数量	规格	领用时间	领用人	归还时间	备注
22	补偿链导向	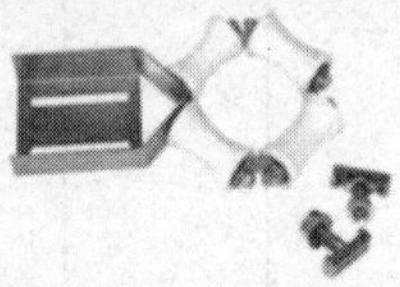							
23	U 形栓								
24	吊环								
25	磁力铅坠								
26	拉力计	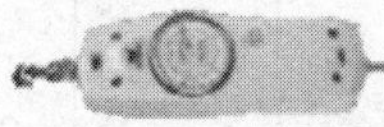							
27	护栏								
28	限速器钢丝绳								
注意事项	1. 领用人应保管好所领取的工具及材料，若有遗失，需照价赔偿 2. 领用的工具不得在实训以外场地使用，未经允许不得借给他人使用 3. 易耗工具及材料在教师确认后可以以旧换新 4. 避免材料的浪费								

学习活动3 设备安装及验收

学习目标

1. 能查阅相关资料，学习电梯悬挂装置的安装方法。

2. 能按工艺和安全操作规程要求，完成电梯悬挂装置的安装。

3. 能对电梯悬挂装置的安装结果进行自检和验收。

建议学时：32学时。

学习过程

一、学习电梯悬挂装置安装方法

通过查阅相关资料，回答下列问题，学习电梯悬挂装置的安装方法。

1．曳引钢丝绳安装技术要求如下：

（1）电梯曳引钢丝绳公称直径应不小于_____；双强度曳引钢丝绳的外层钢丝抗拉强度应为_____，内层钢丝抗拉强度应为_____。曳引钢丝绳的其他特性应符合GB_____2018的规定。

（2）每根电梯曳引钢丝绳的张力与平均值偏差均不得大于_____。每个绳头锁紧螺母应安装有_____。

（3）不论曳引钢丝绳股数有多少，曳引轮、导向轮的节圆直径与悬挂曳引钢丝绳的公称直径之比应不小于____。

（4）曳引钢丝绳表面应清洁，不黏附杂质，并应涂有薄而均匀的_____
_____。曳引钢丝绳严禁有死弯。

（5）对于使用3根或3根以上曳引钢丝绳的电梯，曳引钢丝绳的安全系数应为

_____。对于使用 2 根曳引钢丝绳的电梯，曳引钢丝绳的安全系数应为_____。

（6）曳引钢丝绳绳头组合至少应能承受曳引钢丝绳最小破断负荷的_____％。

2．图 6-3-1 所示为电梯机房平面图，其中电梯对重处于什么位置？如果对重位置在轿厢侧面，一般采用怎样的曳引钢丝绳绕法？

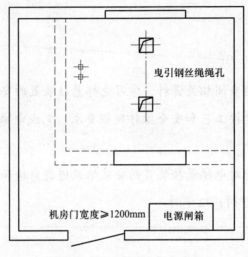

图 6-3-1　电梯机房平面图

3．曳引钢丝绳绳孔边缘与钢丝绳的最小距离是多少？图 6-3-2 所示为曳引钢丝绳过绳孔示意图，该曳引钢丝绳是否安装完成？若没有完工的话，还有哪些内容未完成？应参考什么标准？

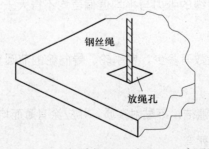

图 6-3-2　曳引钢丝绳过绳孔示意图

4．曳引驱动电梯的含义什么？

5．在曳引钢丝绳的装卸、运输、存储过程中有哪些注意事项？

6．图 6-3-3 所示为曳引钢丝绳放绳示意图。为什么截取曳引钢丝绳时要用卷筒缠绕抽出的曳引钢丝绳？

图 6-3-3　曳引钢丝绳放绳示意图

7．图 6-3-4 所示为曳引钢丝绳长度计算示意图，曳引钢丝绳曳引比为 1：1，绕法为单绕式，当轿厢组装完毕停在最高层平层位置，对重处于底层时，对重底面与缓冲器顶面之间的距离恰好等于 S_2。X 为由轿厢绳头锥体出口处至对重绳头出口处的长度，Z 为钢丝绳在锥体内的长度（包括钢丝绳在绳头锥套内回弯部分），Q 为轿厢在顶层安装时垫起的高度，此时应如何计算单根曳引钢丝绳的总长度 L？

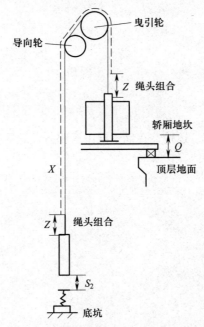

图 6-3-4　曳引钢丝绳长度计算示意图

8．如图 6-3-5 所示，测量好钢丝绳长度，用直径为 0.7 ~ 1 mm 的细铁丝绑扎曳引钢丝绳，绑扎长度 A 至少为多少？曳引钢丝绳截断处的长度 B 应为多少？直径为 13 mm 的曳引钢丝绳应用什么工具截断？

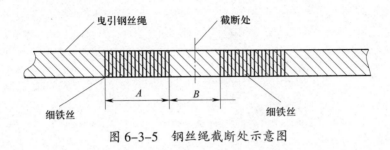

图 6-3-5　钢丝绳截断处示意图

9．钢丝绳绳头组合有哪几种？它们各有什么优缺点？各适用于什么场合？

10．图 6-3-6 所示为自锁楔形块连接时钢丝绳绳头处理示意图，在绳头端量取长度为 A 的钢丝绳，并在此处弯折成圆弧，将钢丝绳末端穿过锥套成为自锁楔形块，则 A 应为多少？曳引钢丝绳的弯曲半径 R 应为多少？

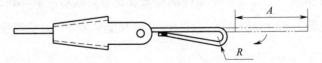

图 6-3-6　自锁楔形块连接时钢丝绳绳头处理示意图

11. 如图 6-3-7 所示，用 3 个钢丝绳绳夹固定绳头，第一个绳夹与锥套的距离为 D，其他绳夹间距要大于 5 倍的钢丝绳直径，钢丝绳剩余长度为 A，若曳引钢丝绳公称直径为 13 mm，则 A、B、C、D 各为多少？

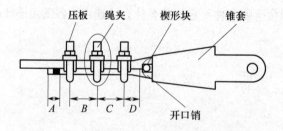

图 6-3-7　钢丝绳绳头绳夹固定示意图

12. 如图 6-3-8 所示，在曳引钢丝绳端接装置安装完成后，钢丝绳的绳头应先用铁丝缠绕，再用胶布包裹。用铁丝缠绕时，A、B、C 的长度是多少？开口销应如何处理？

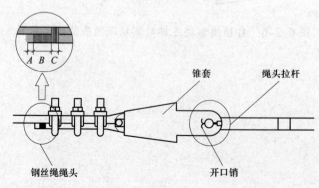

图 6-3-8　钢丝绳绳头开口销处理示意图

13．挡绳杆的作用是什么？一般安装在电梯什么位置？

14．如图 6-3-9 所示，缓冲弹簧有什么作用？绳头板有什么作用？

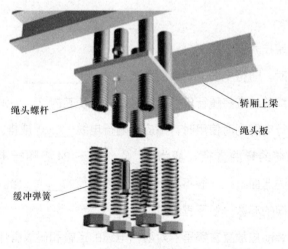

绳头螺杆

轿厢上梁

绳头板

缓冲弹簧

图 6-3-9　钢丝绳和绳头板连接示意图

15．曳引钢丝绳的张力通常采用哪几种方法检测？采用拉力计测量钢丝绳张力时有哪些注意事项？

16．曳引钢丝绳张力的误差范围是多少？应如何调整？

17．随行电缆安装技术要求如下：

（1）在电梯蹲底时，随行电缆与地面的距离应为_____。

（2）在挂随行电缆前，应将随行电缆自由悬垂，以使其内_____消除。

（3）在有多根随行电缆同时使用时，不应将随行电缆_____成排。

（4）8芯随行电缆的弯曲直径一般为_____。16～24芯随行电缆的弯曲直径一般为_____，随行电缆的弯曲直径一般不小于随行电缆直径的_____倍。

（5）圆形随行电缆的芯数一般不宜超过_____芯。

18．随行电缆安装前应放置在哪里？对随行电缆的运输和码放有什么要求？

19．如图 6-3-10 所示，随行电缆悬挂支架的安装距离 A 应为多少？随行电缆固定支架的安装距离 B 应为多少？

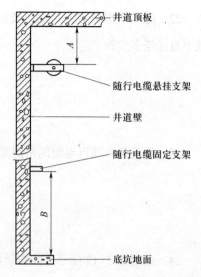

图 6-3-10　随行电缆支架安装示意图

20．如图 6-3-11 所示，随行电缆悬挂端与专用卡子的距离 A 应为多少？

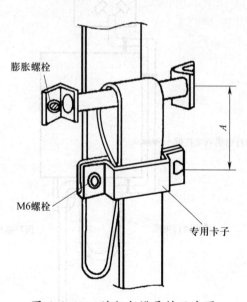

图 6-3-11　随行电缆悬挂示意图

21．如何估算随行电缆的长度？

22．随行电缆安装完成后，此时随行电缆与地面的距离是多少？随行电缆的弯曲弧度最小直径是多少？

23．悬挂扁平随行电缆的常用支架有哪几种？各有什么优点？

24．如图6-3-12所示，如果轿厢接线盒在轿厢顶，随行电缆应如何处理？随行电缆应采用什么方法固定？

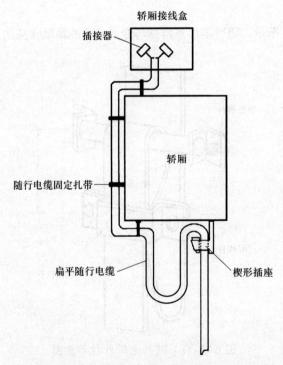

图6-3-12　随行电缆轿厢端连接示意图

25．补偿装置安装技术要求

（1）当电梯轿厢在最高位置时，补偿链与底坑地面的距离应在_____以上。

（2）在悬挂补偿装置前，应将电缆自由悬垂_____h，以消除补偿链自身的扭曲应力。

（3）补偿链导向装置一般应距离底坑地面_____。

（4）补偿链的弯曲半径应为_____。

（5）_____在轿底的安装位置要考虑随行电缆的位置，以保证它们的质量平衡。

26．如图6-3-13所示，补偿装置应安装在什么位置？补偿链可以安装在对重和轿厢的另一侧吗？补偿链的安装位置和什么有关？

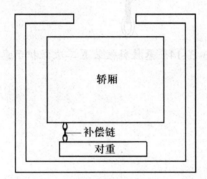

图6-3-13　补偿装置安装位置示意图

27．如图 6-3-14 所示，利用直径为 8 mm 的保护钢丝绳进行补偿链的二次保护时共需要 3 个绳夹，各绳夹间的距离应为多少？

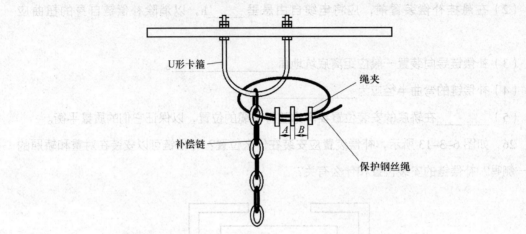

图 6-3-14　悬挂补偿装置二次保护示意图

28．如何计算补偿链的长度？如何选择补偿链？

29．补偿链导向装置安装好后应做哪些调整？补偿链安装好后要做哪些调整？

30．限速器钢丝绳的安装条件是什么？

31．如图6-3-15所示，限速器钢丝绳端接方式为绳卡法，图中绳卡的方向是否正确？绳卡的间距应为多少？

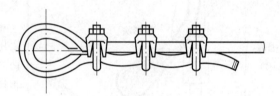

图6-3-15　钢丝绳绳卡法端接示意图

二、安装电梯悬挂装置设备

　　根据电梯机房曳引机和导向轮的位置、轿厢和对重的位置等，按要求完成电梯悬挂装置的安装。安装完成并由指导教师检查设备安装的完整性和正确性后，方可通电测试设备功能，并将电梯悬挂装置安装过程记录在表6-3-1中。

表 6-3-1　电梯悬挂装置安装过程记录表

序号	项目	任务	操作简图	项目内容	完成情况
1	曳引钢丝绳安装	钢丝绳长度确定		截断钢丝绳时要用细铁丝绑扎钢丝绳截断位置	□ 完成 □未完成
		钢丝绳绳头制作	钢丝绳 锥套 楔形块	钢丝绳带楔形块进入锥套后，应用锤子将其敲紧	□ 完成 □未完成
		钢丝绳绳夹安装	100mm 100mm 100mm 35~40mm	绳夹安装位置应符合要求	□完成 □未完成
				绳夹紧固螺母方法应正确	□完成 □未完成
				绳头要用胶布包裹	□完成 □未完成

续表

序号	项目	任务	操作简图	项目内容	完成情况
1	曳引钢丝绳安装	钢丝绳悬挂	挡绳装置	悬挂钢丝绳前要拆除曳引轮和导向轮上的挡绳装置	□完成 □未完成
		绳头板连接		绳头板的中心为曳引点，应先安装靠近曳引点的钢丝绳	□完成 □未完成
			绳头板 弹簧 螺母	钢丝绳安装完毕后，要求弹簧高度误差小于2 mm	□完成 □未完成
			开口销	最后将开口销插入并将开口销插入端掰开	□完成 □未完成

续表

序号	项目	任务	操作简图	项目内容	完成情况
1	曳引钢丝绳安装	钢丝绳张紧度调整	曳引轮 1/3提升高度 轿厢 2/3提升高度 对重	工作人员在2/3提升高度处进行测量工作	□完成 □未完成
			拉动距离	用拉力计拉动各根钢丝绳移动相同的距离，各根钢丝绳拉力值误差应小于5%	□完成 □未完成
		机房钢丝绳绳孔保护	钢丝绳　绳孔　50mm	绳孔台阶高度为50 mm	□完成 □未完成
				钢丝绳距台阶边缘20～40 mm	□完成 □未完成

续表

序号	项目	任务	操作简图	项目内容	完成情况
2	电梯补偿装置安装	补偿链放链		补偿链应用卷筒架起	□ 完成 □ 未完成
		补偿链安装		补偿链一端安装在轿底后应至少悬挂24 h，以去除全部扭曲应力	□ 完成 □ 未完成
				下部悬挂间距应大于补偿链最小弯曲半径	□ 完成 □ 未完成
				补偿链另一端连接对重后，补偿链与底坑地面的距离应 ≥ 200 mm	□ 完成 □ 未完成

续表

序号	项目	任务	操作简图	项目内容	完成情况
2	电梯补偿装置安装	补偿链导向装置安装		拆除一侧导向轮放入补偿链后，应恢复拆除的导向轮	□ 完成 □ 未完成
			补偿链 导向轮	补偿链应处于导向装置中心且不碰触导向轮	□完成 □未完成
			导向轮 防晃装置支架 墙壁	调整防晃装置支架，固定补偿链导向装置的位置	□ 完成 □ 未完成
3	随行电缆安装	随行电缆夹固定	膨胀螺栓固定孔 随行电缆线槽 楔形块	随行电缆夹固定在距离井道顶板0.5～1 m的井道壁上	□完成 □未完成

续表

序号	项目	任务	操作简图	项目内容	完成情况
3	随行电缆安装	随行电缆处理		在机房将随行电缆固定处的外皮剖开，抽出钢丝绳	□完成 □未完成
		随行电缆悬挂		将钢丝绳固定在电缆夹上，并使钢丝绳受到的拉力大于随行电缆的拉力	□完成 □未完成
				将随行电缆悬挂24 h，以释放扭曲应力	□完成 □未完成

序号	项目	任务	操作简图	项目内容	完成情况
3	随行电缆安装	随行电缆调整	轿顶接线盒 轿厢 固定扎带 轿底随行电缆悬挂 随行电缆夹 随行电缆	在随行电缆释放扭曲应力后，将另一端安装在轿底悬挂装置上	□完成 □未完成
				悬挂随行电缆后，确保其最下端与底坑地面距离为（300±50）mm	□完成 □未完成
4	限速器钢丝绳安装	限速器钢丝绳连接		将限速器钢丝绳穿过限速器轮，两绳头放至底坑，绕过张紧轮后连接	□完成 □未完成

续表

序号	项目	任务	操作简图	项目内容	完成情况
4	限速器钢丝绳安装	限速器钢丝绳和轿厢安全钳拉杆连接		将连接后的限速器钢丝绳提至轿顶，经连接部分和安全钳拉杆连接	□ 完成 □ 未完成

三、进行电梯悬挂装置安装自检

根据电梯悬挂装置安装情况，以曳引钢丝绳为主要检测对象进行自检（见表 6-3-2）。如果偏差过大，应对可调整的偏差进行调整，不可调整的偏差应在"备注"栏注明。

表 6-3-2　电梯悬挂装置安装自检表

序号	电梯悬挂装置安装要求		安装情况	自检情况	备注
1	曳引钢丝绳	钢丝绳绳头固定螺母紧固			
		绳头组合弹簧高度应一致			
		钢丝绳无交叉			
		钢丝绳公称直径不小于 8 mm			
		钢丝绳在曳引轮上的包角不小于 135°			
		曳引轮或导向轮直径和曳引钢丝绳直径之比 ≥ 40			
		轿厢在上端站平层位置时，对重的撞板与缓冲器顶面间的距离为 200 ~ 350 mm			

续表

序号	电梯悬挂装置安装要求		安装情况	自检情况	备注
2	补偿装置	固定端连接可靠			
		最小弯曲半径 ≥ 330 mm			
		电梯正常运行时补偿链导向轮不转动			
3	随行电缆	随行电缆固定支架位置为距井道顶 0.5 ~ 1 m			
		随行电缆中的钢丝绳受力正常			
		最小弯曲半径 ≥ 200 mm			
		随行电缆印有型号的一面应在外侧			
4	限速器钢丝绳	限速器张紧轮支架与导轨的角度为 90° ±5°			
		限速器钢丝绳端头绳夹紧固			

四、进行电梯悬挂装置安装验收

以小组为单位进行电梯悬挂装置安装验收工作。电梯悬挂装置安装验收记录表（见表 6-3-3）只填写主控项目和一般项目的验收结果。根据测量结果在"验收结果"栏的"合格"栏或"不合格"栏画"√"。本次验收不再进行调整。验收人为项目负责人。

表 6-3-3   电梯悬挂装置安装验收表

项目名称	电梯悬挂装置安装		记录编号	
验收内容一	曳引钢丝绳安装			
验收项目			验收结果	
			合格	不合格
主控项目	1. 绳头组合必须安全可靠，且每个绳头组合必须安装防螺母松动和脱落的装置			
	2. 钢丝绳严禁有死弯			
	3. 固定绳夹有 3 个，第一个绳夹到锥套的距离为 25 ~ 45 mm，其他绳夹间距为 100 mm			
	4. 轿厢在两端站平层位置时，对重、轿厢的碰撞板与缓冲器顶面间的距离为 200 ~ 350 mm			

续表

验收项目		验收结果	
		合格	不合格
一般项目	1. 每根钢丝绳的张力与平均值偏差应不大于 5%		
	2. 挡绳装置与曳引钢丝绳的间隙调整为 2～3 mm，其中包括曳引轮和导向轮挡绳杆		

验收内容二	补偿装置安装

验收项目		验收结果	
		合格	不合格
主控项目	1. 补偿装置没有打结和波浪扭曲，端部固定可靠		
	2. 补偿装置不与其他部件交叉，运行顺畅、无卡阻和干涉		
	3. 补偿链与底坑地面距离 ≥ 200 mm		
一般项目	1. 补偿装置的弯曲半径 ≥ 330 mm		
	2. 补偿链与 4 个导向轮的间隙一致		

验收内容三	随行电缆安装

验收项目		验收结果	
		合格	不合格
主控项目	1. 随行电缆的弯曲半径 ≥ 200 mm		
	2. 随行电缆对地距离大于 100 mm		
一般项目	1. 随行电缆固定支架位置为距井道顶 0.5～1 m		
	2. 随行电缆悬挂无扭曲		

验收内容四	限速器钢丝绳安装

验收项目		验收结果	
		合格	不合格
主控项目	1. 固定钢丝绳绳头的 3 个绳夹间距为 50 mm		
	2. 限速器钢丝绳悬挂没有扭曲		
一般项目	1. 钢丝绳绳头固定绳夹的螺母在长绳一侧		
	2. 限速器张紧轮支架与导轨的角度为 90° ± 5°		

验收人		日期	

学习活动 4　工作总结与评价

学习目标

　　1. 能按分组情况，派代表展示工作成果，说明本次任务的完成情况，并进行分析总结。

　　2. 能结合任务完成情况，正确规范地撰写工作总结。

　　3. 能对本次任务中出现的问题提出改进措施。

　　4. 能对学习与工作进行反思总结，并能与他人开展良好合作，进行有效沟通。

　　建议学时：2学时。

学习过程

一、个人、小组评价

　　以小组为单位，选择演示文稿、展板、海报、视频等形式中的一种或几种，向全班展示、汇报安装成果。在展示的过程中，以小组为单位进行评价；评价完成后，根据其他小组成员对本组展示成果的评价意见进行归纳总结。

　　汇报思路设计：

　　其他小组成员的评价意见：

二、教师评价

认真听取教师对本小组展示成果优缺点以及在完成任务过程中出现的亮点和不足的评价意见，并做好记录。

1．教师对本小组展示成果优点的点评。

2．教师对本小组展示成果缺点及改进方法的点评。

3．教师对本小组在整个任务完成过程中出现的亮点和不足的点评。

三、工作过程回顾及总结

1．在团队学习过程中，项目负责人给你分配了哪些工作任务？你是如何完成的？还有哪些需要改进的地方？

2．总结完成电梯悬挂装置的安装任务过程中遇到的问题和困难，列举 2 ～ 3 点你认为比较值得和其他同学分享的工作经验。

3．回顾本学习任务的工作过程，对新学专业知识和技能进行归纳和整理，撰写工作总结。

评价与分析

按照客观、公正和公平原则，在教师的指导下按自我评价、小组评价和教师评价三种方式对自己或他人在本学习任务中的表现进行综合评价。综合等级按 A（90 ~ 100）、B（75 ~ 89）、C（60 ~ 74）、D（0 ~ 59）四个级别填写在表 6-4-1 中。

表 6-4-1　学习任务综合评价表

考核项目	评价内容	配分 / 分	评价分数		
			自我评价	小组评价	教师评价
职业素养	安全防护用品穿戴完备，仪容仪表符合工作要求	5			
	安全意识、责任意识强	6			
	积极参加教学活动，按时完成各项学习任务	6			
	团队合作意识强，善于与人交流和沟通	6			
	自觉遵守劳动纪律，尊敬师长，团结同学	6			
	爱护公物，节约材料，管理现场符合"6S"标准	6			
专业能力	专业知识扎实，有较强的自学能力	10			
	操作认真，训练刻苦，具有一定的动手能力	15			
	技能操作规范，遵循安装工艺，工作效率高	10			
工作成果	电梯悬挂装置安装符合工艺规范，安装质量高	20			
	工作总结符合要求	10			
总分		100			
总评	自我评价 ×20%+ 小组评价 ×20%+ 教师评价 ×60%=	综合等级	教师（签名）：		